# 磁盘阵列的性能优化与节能

## Performance Optimization and Energy-Saving for Disk Arrays

李元章　孙志卓　著

北京理工大学出版社
BEIJING INSTITUTE OF TECHNOLOGY PRESS

**图书在版编目（CIP）数据**

磁盘阵列的性能优化与节能 / 李元章，孙志卓著. —北京：北京理工大学出版社，2020.7（2022.6重印）

ISBN 978-7-5682-8752-4

Ⅰ. ①磁…　Ⅱ. ①李…②孙…　Ⅲ. ①磁盘存贮器-系统优化-研究　Ⅳ. ①TP333.3

中国版本图书馆 CIP 数据核字（2020）第 132585 号

出版发行 / 北京理工大学出版社有限责任公司
社　　址 / 北京市海淀区中关村南大街 5 号
邮　　编 / 100081
电　　话 /（010）68914775（总编室）
（010）82562903（教材售后服务热线）
（010）68944723（其他图书服务热线）
网　　址 / http://www.bitpress.com.cn
经　　销 / 全国各地新华书店
印　　刷 / 廊坊市印艺阁数字科技有限公司
开　　本 / 710 毫米×1000 毫米　1/16
印　　张 / 10
字　　数 / 145 千字
版　　次 / 2020 年 7 月第 1 版　2022 年 6 月第 2 次印刷
定　　价 / 49.00 元

责任编辑 / 封　雪
文案编辑 / 封　雪
责任校对 / 周瑞红
责任印制 / 李志强

图书出现印装质量问题，请拨打售后服务热线，本社负责调换

# 前　言

随着 IT 信息化和移动互联网的飞速发展，数据存储量快速增长。随着存储设备使用量的增加，存储设备的能耗已达到数据中心的 26%～40%。因此，存储设备的节能研究具有重要意义。

近年来，连续数据存储的应用日益广泛，如视频监控、连续数据保护、虚拟磁带库、备份、归档等。连续数据存储系统具有特定的数据访问模式和存储特性，例如以顺序数据访问为主，对随机性能要求不高；对带宽的要求不高，但对数据的可靠性、存储空间要求较高；负载以写操作为主等。针对连续数据存储系统的节能研究需要充分考虑到上述因素，在磁盘阵列存储系统的组织结构、节能机制和调度算法方面进行适应性研究，以充分发挥存储设备的效能，降低存储系统的能耗。

S-RAID 是一种适用于连续数据存储的节能磁盘阵列，采用局部并行策略，通过改变数据块地址排列方式使局部磁盘并行而降低存储系统能耗。S-RAID 均衡了存储系统的性能与能耗，在保证性能需求的前提下，降低存储系统的能耗。

本著作在现有 S-RAID 研究的基础上，面向连续数据存储的磁盘阵列的节能与性能优化等方面进行了如下研究：

（1）磁盘及其冷却系统是现代存储系统中能耗的主体，已有的节能研究主要面向以随机数据访问为主的存储系统，对于广泛存在的以顺序数据访问为主的存储系统，如视频监控、虚拟磁带库（VTL）、连续数据保护（CDP）等固有访问模式的节能研究较少。为此，本书提出了适用于顺序数据访问的节能磁盘阵列 S-RAID 5，采用局部并行策略：阵列中的存储区被分成若干组，组内采用并行访问模式，分组有利于调度部分磁盘运行而其余磁盘待机，组内并行用以提供性能保证。在 S-RAID 5 磁盘阵列中运行磁盘调度算法，辅以合适的 Cache 策略来过滤少量的随机访问，可获得显著的节能效果。在 32 路 D1 标准的视频监控模拟实验中，满足性能需求、单盘容错的条件下，24 小时功耗测量实验表明：S-RAID 5 的功耗为节能磁盘阵列 Hibernator 功耗的 59%，是 eRAID 功耗的 23%，是 PARAID、GRAID 功耗的 21%。

（2）S-RAID 的局部并行数据布局是静态的，适合单一平稳的工作负载，难以适应较高强度的波动负载或突发负载。为此，针对连续数据存储的复杂应用负载，本书提出了一种动态节能数据布局 DEEDL。DEEDL 在局部并行节能策略基础上，采用地址空间动态映射机制，根据 I/O 写负载需求的变化动态分配具有合适并行度的存储空间。DEEDL 能够更好地适应波动负载或突发负载。实验表明，在满足性能需求及单盘容错的条件下，DEEDL 的节能效果相比 S-RAID、PARAID 和 eRAID 5 等有明显的优势，其功耗为 S-RAID 功耗的 83%、PARAID 功耗的 29%、eRAID 5 功耗的 31%。

（3）为保证更多磁盘待机节能，S-RAID 执行“读—改—写”的“小写”操作，在小写过程中，由于写操作引入了额外的、等量的读操作，因此 S-RAID 中单位磁盘的写性能较低。为此，本书提出一种基于预读与 I/O 聚合的性能优化方法，通过减少 I/O 数和寻道次数，增大 I/O 尺寸来提高磁盘的传输率，包括：识别来自上层应用的写请求顺序流；由写请求顺序流触发大粒度异步预读，预读小写操作所需要的旧数据、旧校验数据；进行写操作聚合，将若干个写请求合并为大尺寸的写请求；建立基于预读、写缓存、写回的写操作流水线等。这些策略充分利用了连续数据存储应用的存储特性以及现代磁盘的性能优势，显著提高了 S-RAID 的写性能。采用 98%顺序写的负载测试，性能至少提高了 47%，而在交织写顺序流下的写性能则可提高 56%以上。

（4）连续数据存储应用以顺序访问为主，存在少量随机访问，而这些少量随机访问也会显著降低磁盘性能；同时，由于 S-RAID 突出的小写问题，影响了其写性能。为此，本文在 S-RAID 的基础上提出了面向该类存储系统的磁盘阵列——Ripple-RAID。Ripple-RAID 对顺序访问进行了布局和读写性能的优化，采用了新的局部并行数据布局，综合运用基于 SSD 的地址映射和数据更新、基于流水技术渐进生成校验、Cache 优化等策略，在单盘容错条件下，写性能和能耗两项指标均优于 S-RAID 5。在 24 小时节能实验中，在 80%顺序写负载条件下，请求长度为 512 KB 时，写性能为 S-RAID 5 的 3.9 倍，Hibernator、MAID 的 1.9 倍，PARAID、eRAID 5 的 0.49 倍；而比 S-RAID 5 节能 20%，比 Hibernator、MAID 节能 33%，比 eRAID 节能 70%，比 PARAID 节能 72%。

上述研究成果在实际应用中针对连续数据存储系统有效发挥了存储设备的效能，降低了存储系统的能耗，通过对性能的优化达到了节能的目的，相关的研究思路及方法可供研究人员参考。

# 目　　录

# 第1章　绪　　论

## 1.1　研究背景及意义

随着人类经济社会的不断发展与科学技术的不断进步，人类对于能源的需求越来越旺盛。尽管核能、太阳能的应用近些年取得了长足的进展，但是石油、煤炭、天然气等不可再生能源仍然是目前人类所消耗能源的最大来源。2014年6月发布的《2014年BP世界能源统计年鉴》(BP Statistical Review of World Energy June 2014）中的数据表明，化石能源在全球能源消耗中的比例高达88%，在我国，这一比例超过了90%。而在全世界不可再生能源消耗的绝对数量上，仍然以2.5%的年均增长率在不断增长，根据现有的消耗量和增长率预测，到21世纪中叶，化石能源将可能面临枯竭的危机。

能源问题的严峻性使得人们越来越关心我们赖以生存的地球所面临的能源危机，各国都在采取积极有效的措施增加能源供给。而要从根本上解决能源问题，除了寻找新的能源，节能是关键的也是目前最直接有效的重要措施。

在最近几年，节能技术的研究和产品开发都取得了巨大的成果。节能的重要性和在产品中灌输节能的设计理念已经深入人心。

“对于Google的设计师来讲，计算机设计中最重要的不是速度而是功耗——低功耗，因为数据中心可以消耗掉一座城市的电量。”——Google首席执行官埃里克·施密特（Eric Emerson Schmidt）。

“服务器的运行成本是数据中心总体拥有成本（Total Cost of Ownership，TCO）的主要组成部分。在过去两年，数据中心对电源的消耗量激增，我认为这一问题已经引起了每个数据中心经理的重视。”——惠普公司亚太区技术方案部门副总裁兼总经理托尼·帕金森（Tony Parkinson）。

本著作相关课题正是在节能的大背景下所开展的一系列针对存储系统优化与节能等方面的研究。

人类进入信息社会以来，信息技术蓬勃发展，作为信息的主要表现形式——数据，正随着信息技术的飞速发展，以指数级的速率在快速增长。数据具有不同的存储方式，典型的存储方式包括数据中心（Data Center），个人用户可以在数据中心内存储和管理自己的数据，并由此产生了基于“云”的计算和存储模型：用户数据及使用该数据的应用，都存储在“云”中的数据中心内，用户通过网络访问“云”中资源。数据中心主要面向数据密集型（Data-Intensive）应用，如联机事务处理（On-Line Transaction Processing，OLTP）、数据库、电子邮件、搜索引擎等，并以随机数据访问为主。

全球著名的信息技术市场研究公司国际数据公司（International Data Corporation，IDC）自 2007 年起每年推出一份研究报告 *Digital Universe Study*，对每年产生的数据量进行统计并对未来的发展趋势做出预测。这一报告显示，全球信息总量每过两年，就会增长一倍。2011 年，全球被创建和被复制的数据总量为 2.8 ZB，相较去年同期，这一数据上涨了超过 1 ZB。

IDC 在最新 2014 年 4 月发布的研究报告中预计，从现在到 2020 年，人类所产生的数据量每两年将翻一番，全球海量数据将从 8.4 ZB 增长到 44 ZB，当前每天的数据增长量超过了 7 600 PB。新兴市场国家所产生的数据增长迅猛，从 2005 年的不到 20%增长至 2012 年的 36%。预计到 2020 年这一比例将增长至 62%，其中中国将占 21%。针对存储管理、信息安全、大数据和云计算等特定领域的投资将大幅增长。全球每年产生的数据信息总量如表 1.1 所示。

**表 1.1 全球每年产生的数据信息总量**

| 年度 | 数据信息总量 |
| --- | --- |
| 2008 | 487 EB |
| 2009 | 800 EB |
| 2010 | 1.8 ZB |

续表

| 年度 | 数据信息总量 |
|---|---|
| 2011 | 2.8 ZB |
| 2012 | 4.4 ZB |

表 1.1 中，1 EB（Exabyte）= 1 024 PB，1 ZB（Zettabyte）= 1 024 EB。

数据的存储和备份都需要海量的存储空间，数据总量的急速增长，必然导致数据中心的规模日益增大。

存储数据的快速增长，引发的首要问题就是存储能耗的快速增长，国家发展与改革委员会能源研究所能源效率中心主任郁聪在 2012 中国绿色通信大会上指出，对数据中心测算的结果表明：2015 年我国数据中心能耗达到 $1\,000 \times 10^8$ kWh 左右，相当于三峡电站一年的发电量；2020 年将超过 $2\,500 \times 10^8$ kWh，或将超过当前全球数据中心的能耗总量。

然而，数据中心巨大能耗的绝大部分只是用来确保服务器处于闲置状态，只有 6%～12%的能量响应用户查询并进行相应计算。

数据中心的高能耗，不仅给企业带来了沉重的负担，也造成了全社会能源的巨大浪费。

为了推动数据中心的节能减排，工业和信息化部在《工业节能“十二五”规划》中提出“到 2015 年，数据中心电源使用效率（PUE）(注：PUE，Power Usage Effectiveness，PUE 值是指数据中心消耗的所有能源与 IT 负载消耗的能源之比。PUE 值越接近于 1，表示这个数据中心的绿色化程度越高。）值需下降 8%”的目标。国家发展与改革委员会等组织的“云计算示范工程”也要求示范工程建设的数据中心 PUE 值要达到 1.5 以下。

在减少数据中心外围能耗，降低 PUE 值的同时，降低数据中心核心的存储系统的负载也是数据中心节能的一个重要且有效途径。

针对存储系统的节能研究和应用，对建设可持续发展的节能型社会具有重要意义，近年来绿色存储（Green Storage）已经成为存储领域的研究主题。

“因为各个公司继续以每年快于 50%的平均速度增加其存储容量，运行的磁盘将继续占数据中心供电和冷却总成本的大部分，厂商必须加大力度，促进和支持全面的绿色存储方案，包括数据中心的重新设计、数据整合和数据删减。”——IDC 存储和半导体研究副总裁戴维·赖因泽尔（David Reinsel）。

绿色存储技术是指从环保节能的角度出发，用来设计生产能效更佳的存储产品、降低数据存储设备的功耗、提高存储设备每瓦性能的技术。绿色存储技术的核心是设计运行温度更低的处理器和更有效率的系统，生产更低能耗的存储系统或组件，降低产品所产生的电子碳化合物，其最终目的是提高所有网络存储设备的能源效率，用最少的存储容量来满足业务需求，从而消耗最低的能源。以绿色理念为指导的存储系统最终保持存储容量、性能、能耗三者的平衡。

近年来，视频监控（Video Surveillance）、连续数据保护（Continuous Data Protection，CDP）、虚拟磁带库（Virtual Tape Library，VTL）、备份（Backup）、归档（Archiving）等存储系统日益得到广泛应用，这类存储系统的特点是具有海量存储空间，其 I/O 负载以顺序访问为主，因而对随机 I/O 性能要求不高。这类系统称为连续数据存储系统。仅就视频监控系统而言，2012 年该市场总规模已接近 8.0 亿美元，当时著名互联网咨询公司 IMS Research 预测，2018 年市场规模达到 120 亿美元，存储容量超过 4.0 EB，预计到 2020 年，该市场总规模将达到 550 亿美元。

连续数据存储中的海量数据，需要更多的存储设备，由此必将带来更高的能耗。与上述以随机数据访问为主的应用不同，连续数据类存储系统具有独特的负载特性和数据访问模式。因此，需要对其开展针对性的、深入的节能研究，并在此基础上，提出更加高效的存储架构和数据管理策略，以充分发挥存储设备的潜能，最大限度地降低存储能耗，从而达到绿色节能的目标。

本著作相关内容正是基于以上目的，对连续数据存储系统的节能与写性能优化问题展开了深入的研究。

# 1.2 国内外研究现状

## 1.2.1 磁盘技术发展

### 1. 磁盘的产生和发展

磁盘是指用磁性介质来存储数据信息的设备，包括软盘（Floppy Disk）和硬盘（Hard Disk）。本文提及的磁盘是指硬盘，主要包括读写磁头、磁臂、盘片、驱动电机等部件，是一种将数据以磁信号方式记录在磁片上，通过摆动磁臂、旋转盘片等操作协同完成读写操作的存储设备，磁盘的内部结构见图 1.1 所示。

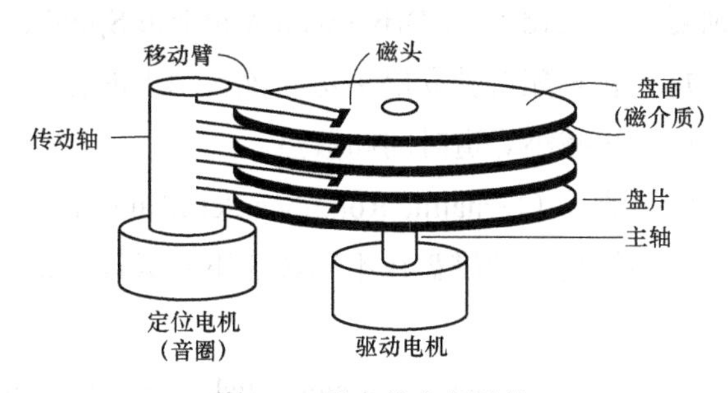


图 1.1 磁盘的内部结构

磁盘是现代计算机系统的主要存储设备，具有大容量、高性能、高可靠性、高传输率等存储特性，从 1961 年首块磁盘 IBM 1301 诞生算起，已经具有 50 多年的历史了，磁盘的基本架构变化不大，但其存储容量和性能却得到了巨大提升。尤其近 20 年，磁记录已经实现了 100%的面密度（Areal Density，AD）增长，直接导致线密度（Linear Density，LD）和磁道密度（Track Density，TD）分别增长了 30%和 50%。采用垂直记录技术取代传统的纵向记录技术后，当时预计 2014 年记录密度将从当前的每平方英寸 1.2 增加到 2.4 兆兆比特；截至 2019 年，这一数值已达到了 8.0 兆兆比特。通过提高磁盘转速（Revolutions Per Minute，RPM）、采用先进的磁记录技术、设置合理的高速缓存大小和采取各种有效措施减小寻道时间等措施，磁盘驱动器的性能保持了 40%年均增长率。

**2. 磁盘技术的发展趋势**

虽然过去20年内，磁盘的性能得到了快速提升，但处理器技术也在飞速发展，从早期的微体系结构技术发展到指令级、线程级并行，并进一步发展到现在的由单核到多核的转变，磁盘与处理器之间的性能差距，不但未被缩小，反而正在快速增大。另一方面，磁盘过于单调的工作模式，很难更好适应不同的存储应用，应该开发具有不同架构的磁盘，以满足不同的存储应用需求。基于以上两点，已经提出多种新颖的磁盘架构，虽然大多仍处于理论研究阶段，但总体上反映了磁盘技术的发展趋势。

（1）多磁头磁盘（Multiple Disk Actuators），一个磁盘转轴配备多个独立的读写磁头，每个磁头可分别进行读写操作，可加倍提升磁盘的读写速度。

（2）多转轴磁盘（Hard Disk Drive with Multiple Spindles），一个磁盘包含多个转轴，每个转轴配有独立磁头访问该转轴上的盘片，同时，盘片直径的减小，可进一步减小寻道时间和散热。

（3）动态多转速磁盘（Dynamic Rotations Per Minute，DRPM），DRPM能够动态调整磁盘的转速，使磁盘在不同转速下完成读写请求，该类磁盘具有更高的能效。

（4）内置SSD的磁盘（Energy Efficient Disk，EED），在磁盘驱动器内部集成一个小型的NAND Flash，以存储磁盘中的“热”数据，从而延长磁盘的待机时间以实现节能。

综上所述，磁盘正朝着高性能（多磁头磁盘、多转轴磁盘）、高效能（动态多转速磁盘、EED磁盘）两个方向发展，以缩小与处理器之间的性能差距，并满足日益增多的、不同的存储需求。

### 1.2.2 磁盘阵列

存储系统是整个IT系统的基石，是IT技术赖以存在和发挥效能的基础平台。

随着计算机技术的发展，CPU的处理速度成几何级数跃升，内存的存取速度亦大幅增加，而磁盘的存取速度相比之下则显得甚为缓慢。整个I/O吞吐量不能和系统性能匹配，形成计算机整个系统的瓶颈，降低了计算机的整体性能。为了改进磁盘的存取速度，大型服务器的磁盘多采用磁盘阵列技术（Redundant Array of Independent Disks，RAID）。

单块磁盘的容量始终有限，目前主流的单块磁盘的容量为 1 TB 和 2 TB，最高的可以达到 6 TB，如希捷 Seagate ST6000NM0024 6 TB 企业级硬盘等，单块的硬盘无论从速度还是从容量上都可以基本满足面向个人电脑的普通应用。但是，在某些特殊应用场合，如区域级视频监控、企业级数据备份、云计算和海量数据存储等应用场合，单块硬盘甚至少量的几块硬盘显然无法满足需求，对这些应用来说，所需要的存储空间可能会达到 PB（1 PB = $2^{10}$ TB）级，更高的甚至能达到 EB（1 EB = $2^{10}$ PB）级规模，大型数据存储供应商和数据中心的数据规模甚至能够接近 ZB（1 ZB = $2^{10}$ EB）级。针对如此高容量、高可靠性和复杂存储体系的数据空间，其存储通常采用的是磁盘阵列技术。

磁盘阵列由独立磁盘组成的具有冗余特性的阵列，是由很多价格相对较便宜的磁盘，共同组合成一个容量巨大的磁盘组，利用个别磁盘提供数据所产生的加成效果提升整个磁盘系统的效能。利用这项技术，可以将数据切割成许多区段，分别存放在各个硬盘上。磁盘阵列具备两个基本特性，一是由大量的磁盘按照特定方式组成；二是具备冗余特性，允许某块磁盘损坏之后，数据仍然可用。

磁盘阵列还能利用同位检查（Parity Check）的概念，在磁盘中任意一个硬盘故障时，仍可读出数据，在数据重构时，将数据经计算后重新置入新硬盘中。

面向连续数据存储系统的海量数据通常采用磁盘阵列进行数据存储，因此，针对连续数据存储系统的节能研究就必须充分考虑磁盘阵列的不同组成结构的各自特点，有针对性地进行性能优化，达到性能和能耗的完美统一。基于此，下面对磁盘阵列的发展和各种磁盘阵列系统做一简单介绍。

**1. RAID 0 布局**

RAID 0 提高存储性能的基本原理是把连续的数据分散到多个磁盘上进行存取。系统有数据请求时，就可以被多个磁盘并行执行。数据上的并行操作充分利用了总线的带宽，可以显著提高磁盘整体存取性能。

典型的 RAID 0 的结构如图 1.2 所示。

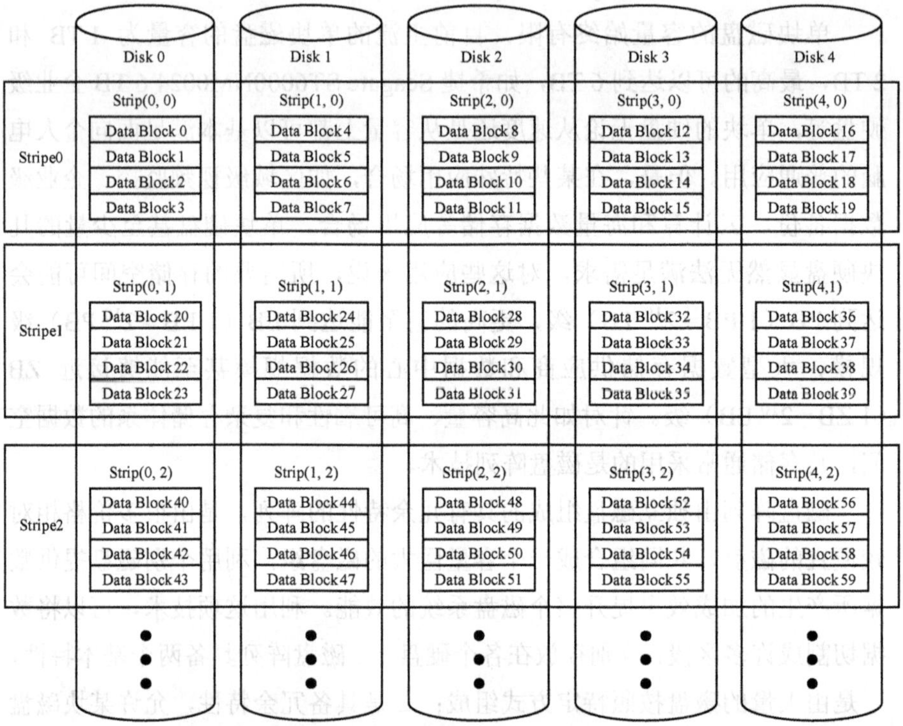

图 1.2　典型的 RAID 0 的结构

图中的 5 个圆柱体，分别表示 5 个磁盘。在这些磁盘的相同偏移处横向进行逻辑分割，形成条带（Stripe）。一个 Stripe 所横跨过的扇区或块的个数或字节容量称为条带长度（Stripe Length）。而每一个 Stripe 所占用的单块磁盘上的区域，称为一个段或节（Segment）。一个 Segment 中所包含的 Data Block 或者扇区的个数或者字节容量，称为条带深度（Stripe Depth），Data Block 可以是 *N* 倍扇区大小的容量。

RAID 0 工作时，系统向 5 个磁盘组成的逻辑硬盘发出的 I/O 数据请求被转化为 5 项操作，其中的每一项操作都对应一块物理硬盘。通过建立 RAID 0，原先顺序的数据请求被分散到所有的 5 块硬盘中同时执行。理论上，5 块硬盘的并行操作使同一时间内磁盘读写速度提升了 5 倍。

RAID 0 的缺点是不提供数据冗余，因此一旦用户数据损坏，损坏的数据将无法得到恢复。RAID 0 所具有的特点，使其适用于对性能要求较高，而不需关注数据安全的领域，如图形工作站等。对于个人用户，RAID 0 也是提高硬盘存储性能的较好选择。

**2. RAID 1 布局**

RAID 1 通过磁盘数据镜像实现数据冗余，在成对的独立磁盘上产生互为备份的数据。当原始数据繁忙时，可直接从镜像中读取数据，当一个磁盘失效时，系统可以自动切换到镜像磁盘上读写，而不需要重组失效的数据。因此 RAID 1 可以提高读取性能。RAID 1 是磁盘阵列中单位成本最高的，但提供了较高的数据安全性和可用性，以高成本换取了高性能和高可靠性。

RAID 1 将 $N\times 2$ 块硬盘构成 RAID 磁盘阵列，但其容量仅等于 $N$ 块硬盘的容量，因为另外 $N$ 块磁盘只是当作数据“镜像”。RAID 1 磁盘阵列是一种可靠的阵列，因为其总是保持一份完整的数据备份。RAID 1 性能自然没有 RAID 0 磁盘阵列那样好，但其数据读取确实较单一硬盘快，因为数据会从两块硬盘中较快的一块中读出。RAID 1 磁盘阵列的写入速度通常较慢，因为数据要分别写入两块硬盘中并做比较，RAID 1 主要用在数据安全性很高，而且要求能够快速恢复被破坏的数据的场合。

**3. RAID 2 布局**

RAID 2 是 RAID 0 的改进版，以海明码（Hamming Code）的方式将数据进行编码后分割为独立的位（bit）单元，并将数据分别写入硬盘中。因为在数据中加入了错误修正码（Error Correction Code，ECC），所以数据整体的容量会比原始数据大一些。

RAID 2 因为每次读写都需要全组磁盘联动，所以为了最大化其性能，需要保证每块磁盘主轴同步，使同一时刻每块磁盘磁头所处的扇区逻辑编号都一致，并存并取，达到最佳性能。如果不能同步，则会产生等待，影响速度。

RAID 2 和 RAID 0 有些不同，RAID 0 不能保证每次 I/O 都是多磁盘并行，因为 RAID 0 的条带深度相对于 RAID 2 以位为单位来说太大。而 RAID 2 由于每次 I/O 都需保证多磁盘并行，所以其数据传输率是单盘的 $N$ 倍。

#### 4. RAID 3 布局

RAID 3 的每一个条带，其长度被设计为一个文件系统块的大小，深度随磁盘数量而定，但是最小深度为 1 个扇区。每个 Segment 的大小一般就是 1 个扇区或者几个扇区的容量。和 RAID 2 一样，RAID 3 同样也是最适合连续大块 I/O 的环境，但是它比 RAID 2 成本更低，也更容易部署，其磁盘布局如图 1.3 所示。

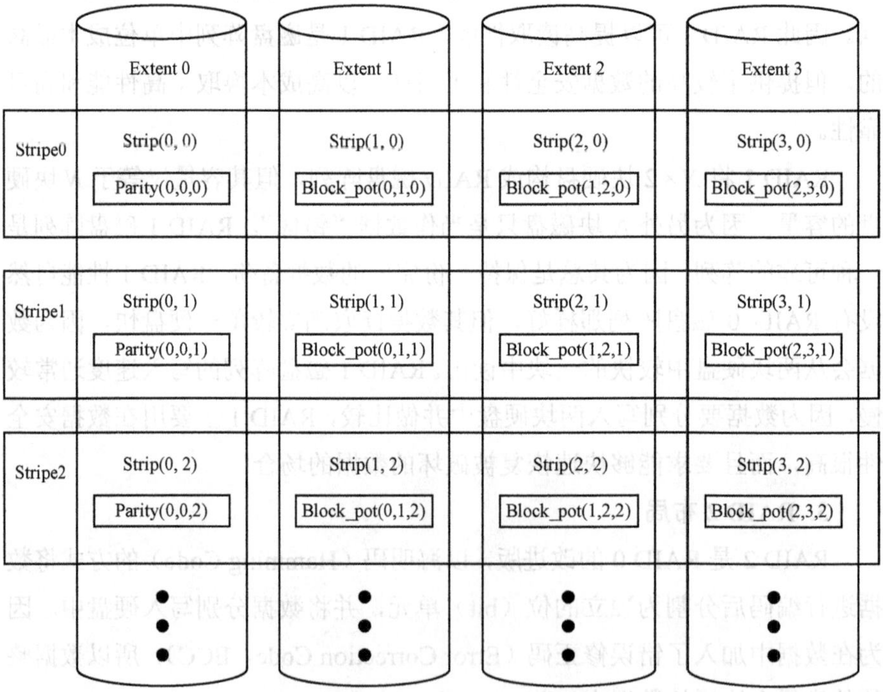

图 1.3 RAID 3 磁盘布局

不管任何布局形式的 RAID，只要是面对随机 I/O，其性能与单盘比都没有大的优势，因为 RAID 所做的只是提高传输速率、并发 I/O 和容错。随机 I/O 只能靠降低单个物理磁盘的寻道时间来解决。而 RAID 不能优化寻道时间。所以对于随机 I/O，RAID 3 也同样没有优势。而对于连续 I/O，因为寻道时间的影响因素可以忽略，RAID 3 体现出优越的性能，RAID 3 可以大大加快数据传输速率，因为它是多盘并发读写，所以理论上可以相当于单盘提高 $N$ 倍的速率。

**5. RAID 4布局**

不管是RAID 2还是RAID 3，它们都是为了提高数据传输率而设计，通常不能并发I/O。诸如数据库等应用的特点就是高频率随机I/O。想提高这种环境的I/O读写速率（Input/Output Operations Per Second，IOPS），根据公式：IOPS＝I/O并发系数/（寻道时间＋数据传输时间），随机读导致寻道时间增大，无法通过提高传输速率来提高IOPS。想在随机I/O频发的环境中提高IOPS，要么用高性能的磁盘（即平均寻道时间短的磁盘），要么提高I/O并发系数。

在RAID 3配置下，当I/O尺寸小于Stripe尺寸的时候，此时有磁盘处于空闲状态。依据该情况，让队列中的其他I/O来利用这些空闲的磁盘，即可达到并发I/O的效果。所以RAID 4将Segment的大小做得比较大，使得平均I/O尺寸总是小于Stripe尺寸，这样就能保证每个I/O少占用磁盘，甚至一个I/O只占用一个磁盘，以此提高I/O效率。

**6. RAID 5布局**

为了解决RAID 4系统不能并发I/O的缺点，提出了RAID 5模式。RAID 4并发困难是因为校验盘争用的问题。RAID 5采用分布式校验盘的做法，将校验盘打散在RAID组中的每块磁盘上。

但是在随机写I/O频发的环境下，由于频发的随机I/O提高了潜在的并发概率，如果并发的I/O同处一个条带，还可以降低写惩罚的概率。这样，RAID 5系统面对频发的随机写I/O，其IOPS下降趋势比其他RAID类型要平缓一些。

RAID 5相对于经过特别优化的RAID 4来说，在底层就实现了并发，可以脱离文件系统的干预。RAID 5磁盘数量越多，可并发的概率就越大。

**7. RAID 6布局**

RAID 6之前的任何RAID级别，最多能保障在坏掉一块盘时，数据仍然可以访问。如果同时坏掉两块盘，数据将会丢失。为了增加RAID 5的保险系数，可以采用RAID 6布局。RAID 6比RAID 5多增加了一块校验盘，也是分布打散在每块盘上，只不过是用另一个方程式来计算新的校验数据。RAID 6与RAID 5相比，在写的时候会同时读取或者写入额外的一份校验数据。不过由于是并行同时操作，所以并没有显著影响读写效率。

其他特性则和 RAID 5 类似。

### 1.2.3 磁盘节能技术

“在计算机技术行业中，能量的最大消耗者之一是存储系统，而这其中，磁盘驱动器功耗最高。磁盘恰如一只小蜜蜂，一只没有问题，甚至十几只也没有问题，但当其数量达到上百只，甚至上千只时，你就会拥有一个蜂群。”——查克·拉比（Chuck Larabie），计算机技术评论（Computer Technology Review）。

存储系统的节能研究，是近十年来存储领域内的一个热点问题，并取得了一些重要的、具有代表性的研究成果。存储系统节能研究的指导思想是在满足系统性能需求和冗余数据保护的条件下，降低存储系统的能耗，其基本实现策略如下：

（1）选用低功耗存储设备，或选择存储设备的低功耗工作模式；

（2）尽可能缩短存储设备的工作时间。

对于大规模数据存储系统，虽然 SSD 具有高性能、低能耗等特点，但其过高的单位存储价格（$/GB），使其在海量数据存储中，难以彻底取代磁盘，目前乃至可以预见的将来，仍然会广泛采用磁盘阵列进行在线数据存储。

**1. 利用存储设备的空闲时间，或负载变动情况节能**

磁盘处于不同工作状态时，其能耗也不相同。因此，基本的节能算法是当磁盘空闲时间达到一定值后，就把磁盘转入低功耗的待机模式，而当请求到来后，再把磁盘转入读写模式，称为 TPM（Traditional Power Management）算法。

Gurumurthi 等论证了在企业级工作负载中，没有足够长的空闲时间可供 TPM 算法利用，因此提出了 DRPM（Dynamic Rotations Per Minute）算法，即采用动态多转速磁盘，以平均响应时间和请求队列长度为指标，根据工作负载的变动情况，动态调整磁盘转速以实现节能。

Carrera 等通过实验进一步指出，对于性能要求严格的企业级工作负载，采用多转速磁盘是唯一可行的节能方法，并提出 LD（Load Directed）算法，即根据工作负载调整转速。当磁盘的工作负载小于低速吞吐量的 80%

时，转入低速模式，大于该值时，转入高速模式。

Zhu 等提出一种名为 Hibernator 的节能存储系统，Hibernator 基于动态多转速磁盘技术，其存储系统由多个具有不同转速的 RAID 组成，在存储系统最小能耗和满足性能需求的约束下，利用线性规划方法，优化配置了每个 RAID 中的磁盘数量以及磁盘转速，然后在各个不同转速的 RAID 之间动态迁移磁盘，以实现存储系统的最小能耗。

Weddle 等根据特定工作负载的周期波动特性，借鉴汽车换挡原理，提出了 PARAID 节能磁盘阵列，PARAID 采用倾斜式条带划分方式，即在同一组磁盘中，构建多级包含不同磁盘数的 RAID 5，然后根据工作负载的变动情况，动态调度不同级的 RAID 5 工作，以实现节能目的。

**2. 为存储设备创造空闲时间**

“热”数据集中（Popular Data Concentration，PDC）方法，根据存储系统中数据的访问频率进行数据迁移，将访问频率较高的文件迁移到部分磁盘上，而将闲置文件集中到另外一些磁盘上，因此闲置文件所在磁盘有足够长的待机时间以实现节能。文献［37］在块设备层实现了 PDC 节能方法，在多个 RAID 组成的存储系统中，把访问频率较高的数据块迁移到部分 RAID 上，而将“冷”数据块集中到另外的 RAID 上，因此冷数据块所在 RAID 可长时间待机节能。

RAID 使用少量额外磁盘始终运行，作为 Cache 盘保存经常访问的热数据，以减少对后端阵列的访问。Write Off-Loading 方法，在包含多个数据卷的存储系统中，把待机数据卷（数据卷中的磁盘待机）的写请求，暂时重定向到存储系统中某个合适的活动数据卷上，以延长待机数据卷的待机时间，降低磁盘启停的切换频率，并在适当的时机恢复重定向的写数据。

Pergamum 方法针对归档存储系统，在每个节点添加一定量的非易失性随机存储器（Non-Volatile Random Access Memory，NVRAM）来存储数据签名、元数据以及其他一些较小规模的数据项，从而使延迟写、元数据请求以及磁盘间的数据验证等操作均可以在磁盘处于待机状态的情况下进行。

毛波提出了一种绿色磁盘阵列 GRAID，为 RAID 10 增加了一个日志磁盘，周期性地更新镜像磁盘上的数据，而将两次更新之间的写入数据存放到日志磁盘上和主磁盘上，从而能够关闭所有的镜像磁盘来降低能耗。

Wang 等提出了 eRAID 模型，利用 RAID 中的冗余特性来重定向 I/O 请求，eRAID 通过停止旋转部分或整个冗余组的磁盘来降低能耗，同时将系统性能的降低控制在一个可接受的范围内。

针对视频监控等连续数据存储应用的特性，如顺序访问、以写操作为主、数据访问频率均匀分布等，文献[42,43]提出了节能磁盘阵列 S-RAID，采用局部并行数据布局，通过提供合适的并行性实现存储节能。实验表明，S-RAID 的节能效果显著，非常适于连续数据存储应用。

## 1.3 研究内容

连续数据存储系统，如视频监控、CDP、VTL、备份、归档等，具有独特的负载特性和数据访问模式，因此需要进行针对性的节能研究，提出更加高效的存储架构和数据管理策略，以充分发挥存储设备的潜能，最大限度地降低存储能耗。

该类存储系统具有特定的数据访问模式和存储特性，例如以顺序数据访问为主，对随机性能要求不高；对数据的可靠性、存储空间要求较高；以写操作为主，读操作通常回放写操作。因此针对连续数据存储系统的节能研究也需要充分考虑上述因素，在存储系统的组织结构、节能机制和算法实现上有针对性地进行研究，有效降低存储系统的能耗。

本论文的研究内容，主要分为以下 4 个部分：

**1. S-RAID 5 节能磁盘阵列**

磁盘及其冷却系统是现代存储系统中能耗的主体，已有的节能研究主要面向以随机数据访问为主的存储系统，对于广泛存在的以顺序数据访问为主的存储系统，如视频监控、虚拟磁带库（Virtual Tape Library，VTL）、连续数据保护（Continuous Data Protection，CDP）等，针对该类系统固有访问模式的节能研究较少。

为此，本文提出了适用于顺序数据访问的节能磁盘阵列 S-RAID 5，采用局部并行策略：阵列中的存储区被分成若干组，组内采用并行访问模式，分组有利于调度部分磁盘运行而其余磁盘待机，组内并行用以提供性能保证。在S-RAID 5磁盘阵列中运行磁盘调度算法，辅以合适的Cache策略来过滤少量的随机访问，可获得显著的节能效果。在32路D1标准的视频监控模拟实验中，在满足性能需求、单盘容错的条件下，24小时功耗测量实验表明：S-RAID 5的功耗为节能磁盘阵列Hibernator功耗的59%，是eRAID功耗的23%，是PARAID、GRAID功耗的21%左右。

**2. 面向连续数据存储的动态节能数据布局DEEDL**

S-RAID的数据布局是静态的，仅能提供恒定的局部并行度，适合比较平稳的工作负载，不能根据波动负载、突发负载的性能需求动态调整。在实际应用中，很多连续数据存储应用都存在较强的波动负载或突发负载。以视频监控为例，当系统中各摄像机的工作时间、分辨率（D1和高清，对应的传输码率分别为2 Mb/s、2 MB/s）不同时，就会产生较高强度的波动负载。

为此，本文提出了一种面向连续数据存储的动态节能数据布局（Dynamic Energy-Efficient Data Layout，DEEDL）。DEEDL的实现主要包括基本数据布局、存储空间动态映射、访问冲突避让、负载性能感知、性能与节能优化5方面内容。DEEDL继承了局部并行节能策略，在此基础上采用地址映射机制，为上层应用动态分配满足性能需求的、局部并行的存储空间。DEEDL既可保证多数磁盘长时间待机节能，又能提供合适的局部并行度，因此具有更高的可用性，以及更高的节能效率。

**3. 基于预读与I/O聚合的性能优化方法**

为保证更多磁盘待机节能，S-RAID基本执行“小写”（Small Write）操作，也称“读—改—写”（Read-Modify-Write）操作，写数据时需要读取对应的旧数据、旧校验数据，与写数据一起计算新校验数据，然后写入新校验数据。在小写过程中，由于写操作引入了额外的、等量的读操作，因此S-RAID中单位磁盘的写性能较低。

为此，针对S-RAID提出一种基于预读与I/O聚合的性能优化方法，通过减少I/O数和寻道数，增大I/O尺寸来提高磁盘的利用率，其具体措施包括：识别来自上层应用的写请求顺序流；由写请求顺序流触发大粒度异步预读，预读小写操作所需要的旧数据、旧校验数据；进行写操作聚合，将若干个写请求合并为一个或几个大尺寸的写请求；建立基于预读、写缓存、写回的写操作流水线。该优化方法可显著提高 S-RAID 的写性能，并且不依赖于任何额外硬件，具有更高的可用性。优化后 S-RAID 的单盘小写带宽逼近磁盘持续数据传输率的一半，写性能提高明显。

**4. Ripple-RAID 节能磁盘阵列**

S-RAID 5 的局部并行数据布局，会导致 S-RAID 5 基本执行“小写”操作，即写新数据时需要先读取对应的旧数据、旧校验数据，与新数据一起生成新校验数据后再写入新校验数据，严重影响性能。

为此，本文在 S-RAID 5 布局基础上提出了 Ripple-RAID 节能磁盘阵列，该节能磁盘阵列采用了新的局部并行数据布局，并综合运用了基于 SSD 的地址映射和异地更新、渐进式生成校验数据和 Cache 优化等策略，以实现高性能并获得高节能效率。实验表明，在单盘容错的条件下，Ripple-RAID 既保持了局部并行的节能性，又解决了局部并行带来的小写问题，具有突出的写性能和节能效率。

## 1.4 组织结构

基于以上研究内容，本专著共分为 6 章。

第 1 章为绪论，主要介绍了本著作研究的目的和意义、国内外的研究现状与发展趋势以及本著作的研究内容。

第 2 章对存储系统节能技术的相关机制进行了详细的调研和分析。重点针对磁盘阵列的不同结构，分析了相关的节能技术和方法，并对这些方法进行了总结和归纳，为后续的优化 S-RAID 性能和节能效果提供实验基础和理论依据。

第 3 章在 S-RAID 4 节能机制基础上，提出了适用于顺序数据访问的节能磁盘阵列 S-RAID 5，采用局部并行策略：阵列中的存储区被分成若干组，组内采用并行访问模式，分组有利于调度部分磁盘运行而其余磁盘待机，组内并行用以提供性能保证。在 S-RAID 5 磁盘阵列中运行磁盘调度算法，辅以合适的 Cache 策略来过滤少量的随机访问，S-RAID 5 可获得显著的节能效果。

第 4 章在 S-RAID 节能机制基础上，提出了一种面向连续数据存储的动态节能的数据布局 DEEDL，在继承局部并行节能性的同时，根据负载的性能需求，为其动态分配具有合适并行度的存储空间，并通过实验验证了该布局的可行性。

第 5 章针对 S-RAID 提出了一种基于预读与 I/O 聚合的性能优化方法，通过减少 I/O 数和寻道数、增大 I/O 尺寸等策略来解决磁盘的利用率低下的问题，这些策略充分利用了连续数据存储应用的存储特性以及现代磁盘的性能优势，显著提高了 S-RAID 的写性能。

第 6 章在 S-RAID 节能磁盘阵列的基础上，提出了 Ripple-RAID 磁盘阵列，并对该节能阵列进行了数据布局与性能优化的研究，采用了新的局部并行数据布局，并综合运用了基于 SSD 的地址映射和异地更新、渐进式生成校验数据和 Cache 优化等策略，以实现高性能及获得高节能效率。最后以 32 路视频监控数据采集系统为例进行了性能和节能测试。

最后，本著作进行了总结与展望。

# 第 2 章　存储系统节能技术相关机制分析

## 2.1　存储系统节能技术发展

### 2.1.1　单磁盘节能技术

从存储系统的节能设计角度，最需要关注磁盘的性能和能耗，下面将分别讨论磁盘的性能和能耗以及磁盘的节能模型研究。

（1）磁盘性能

磁盘性能主要是由磁盘访问时间 $T_{access}$ 决定的，磁盘访问时间由寻道时间 $T_{seek}$、旋转延迟时间 $T_{rotate}$、数据传输时间 $T_{transfer}$ 三部分组成，即 $T_{access}=T_{seek}+T_{rotate}+T_{transfer}$。

寻道指磁头由电机驱动，由记录表面上的当前位置移动到目标磁道，平均寻道时间可根据式（2.1）计算：

$$T_{seek}=2\times\sqrt{\frac{D_{average}}{a}}+t_{settle} \tag{2.1}$$

式中，$D_{average}$ 为平均寻道距离，当进行大量随机寻道时，其值约等于跨越 1/3 数据区的寻道长度；$t_{settle}$ 为寻道末尾，磁头停驻在磁道上空需要的定位时间。

旋转延迟时间是指磁头到达目标磁道后，等待该磁道中目标扇区到来时所需要的时间，通常采用式（2.2）进行计算：

$$T_{rotate}=\frac{1}{2}\times\frac{60\times10^{3}}{\text{RPM}} \tag{2.2}$$

式中，RPM，即 Revolutions Per Minute，每分钟旋转次数。

传统方式需要等待请求中的第 1 个扇区出现，才能进行数据传输，而现代磁盘普遍采用零延迟（Zero-Latency）访问，即通过与磁盘缓冲区配合，采用扇区乱序读写的方式，即请求中的任一扇区到达磁头下方时，便开始进行数据传输。例如当请求占满整个磁道时，寻道完成后便可直接进行数据传输，由此可得，旋转延迟将随着磁道中访问扇区的增加而减小。

数据传输时间等于数据传输量除以数据传输率，通常采用内部数据传输率（Internal Data Rate，IDR），即磁盘 Cache 和磁盘存储介质之间的数据传输率，作为磁盘的数据传输率，而非磁盘 Cache 和内存之间的数据传输率。IDR 主要由每英寸的数据位数（Bits Per Inch，BPI）和 RPM 决定，其中 BPI 指出了一个磁道能够存储多少个数据位，进而可转化为一个磁道包含多少个扇区。数据传输时间采用式（2.3）进行计算：

$$T_{\mathrm{transfer}} = \frac{N_{\mathrm{request}}}{N_{\mathrm{track}}} \times \frac{60}{\mathrm{RPM}} \tag{2.3}$$

式中，$N_{\mathrm{track}}$ 表示磁道的扇区数；$N_{\mathrm{request}}$ 表示以扇区为单位的数据长度。

由于磁盘具有圆的几何特性，其外圈磁道周长远大于内圈磁道，所以现代磁盘均采用了分区恒角速度（Zoned Constant Angular Velocity，ZCAV）技术，根据磁道直径大小将磁道分成若干组，每组磁道分配不同的扇区数，而组内每个磁道具有相同的扇区数，ZCAV 技术使外磁道的数据传输时间远小于内磁道传输时间。

综合上述磁盘访问时间的计算公式以及文献［46］的研究结果，可以得出如下结论：随着读写请求大小的增加，数据传输时间比例将加大，由此分摊到每一次数据传输上的寻道时间和旋转延迟将变小。该结论是本论文进行基于磁盘阵列的存储系统节能研究和写性能优化的重要理论基础，后续的部分节能策略即是通过增大 I/O 尺寸，延长磁盘待机时间，从而实现节能的。

（2）磁盘能耗

磁盘驱动器中的耗能部件主要有一个 12 V 的驱动电机、一个 5 V 的音圈电机、模拟－数字转换器、接口逻辑电路等。现代磁盘基本至少具有 3 种工作状态，分别是读写、空闲和待机。读写时盘片全速旋转，同时进行磁头寻道及数据传输；空闲时盘片仍全速旋转，但停止了磁头寻道及数据传输；待机时盘片也完全停止转动。Gurumurthi 等提出了如下磁盘功耗计算公式：

$$\text{Power} = N_{\text{platter}} \times D_{\text{platter}}^{4.6} \times \text{RPM}^{2.8} \tag{2.4}$$

式中，$N_{\text{platter}}$ 表示磁盘中盘片的数量；$D_{\text{platter}}$ 表示盘片的直径。

磁盘能够在不同状态间进行转换，如图 2.1 所示，不同工作状态下磁盘的能耗也不同，同时进行状态转换时需要额外的能量与时间，不同磁盘的能耗如表 2.1 所示。

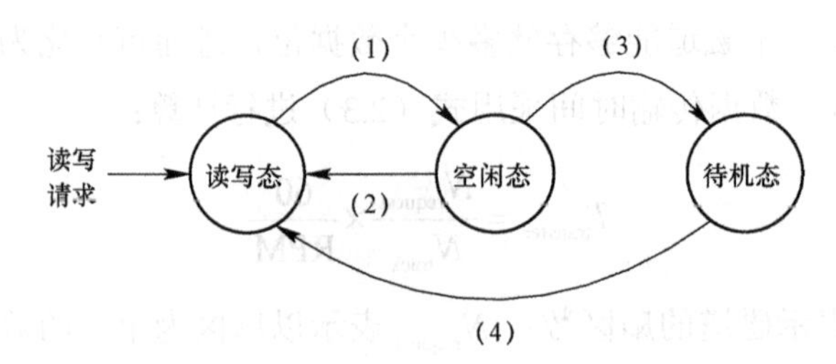


图 2.1　磁盘驱动器的状态转换

**表 2.1　不同磁盘的能耗**

| 磁盘类型 | 功率/W | | | 能量/J | | 时间/s | |
|---|---|---|---|---|---|---|---|
| | 活动 | 空闲 | 待机 | 停止 | 启动 | 停止 | 启动 |
| IBM 36Z15 | 13.5 | 10.2 | 2.5 | 13.0 | 135.0 | 1.5 | 10.9 |
| IBM 73LZX | 9.5 | 6.0 | 1.4 | 10.0 | 97.9 | 1.7 | 10.1 |
| WD2500JD | 13.25 | 10.0 | 1.8 | 6.4 | 148.5 | 4.0 | 9.0 |
| IBM 40GNX | 3.0 | 0.82 | 0.25 | 0.4 | 8.7 | 0.5 | 3.5 |
| Hitachi DK23DA | 2.0 | 0.61 | 0.15 | 2.94 | 5.0 | 2.3 | 1.6 |

（3）磁盘节能模型

在深入研究单磁盘的性能和能耗的基础上，通过深入研究磁盘的节能模型，实现高效的磁盘存储系统，可以有效地降低存储系统的能耗问题，并有效地提高系统的可靠性和降低运行成本。常见的磁盘节能模型有 $FS^2$ 模型和 DPRM 模型。

- $FS^2$ 模型。

Huang 等为了降低磁头定位延迟对磁盘性能和能耗的影响，提出了 $FS^2$（Free Space File System）文件系统。该文件系统根据用户访问模式动态地复制部分热点数据，并将多个副本保存在文件系统的空闲块内，这样对于每次请求磁头都可自动去访问距其最近的数据副本，从而有效降低磁头定位延迟时间。这种方法在提高磁盘 I/O 性能的同时还有效地降低了磁盘能耗。该方法的实质是通过减少磁头定位开销来实现磁盘节能。

- DRPM 模型。

Gurumurthi 等提出的动态转速磁盘（DRPM），将磁盘的盘片旋转速度分为多个速度等级，在系统负载较轻时，使磁盘运行在低速旋转状态；而当磁盘负载变重时，将磁盘相应调整为高速旋转状态。实验表明，动态转速磁盘模型可以有效降低磁盘所消耗的能量，且系统轻负载时的节能效果优于系统重负载时的节能效果。该方法的实质是通过细分磁盘活动状态来实现磁盘节能。

DRPM 技术采用两路反馈驱动的控制算法控制磁盘转速的变化。DRPM 预先定义了一个磁盘性能损失的阈值，因磁盘转速降低而造成的性能损失必须要小于这个预先定义的阈值。在性能损失不超过阈值的情况下，根据磁盘当前负载动态决定磁盘的转速级别。

DRPM 控制策略赋予磁盘和控制器不同的角色：磁盘的角色趋向于尽量节约更多的能源；控制器的角色则更希望表现出最好的性能。在这个控制策略中，将当前的平均请求响应时间作为表示系统性能的参数，预先设定了一个响应时间变化的阈值区间作为约束条件。控制器角色为每个磁盘设定一个转速最低值，表示磁盘转速的下限；而磁盘角色则周期性地检查磁盘的请求队列，如果请求队列为空则降低磁盘转速，但是磁盘转速不能低于控制器角色设定的最低值。控制器计算当前请求的响应时间的变化，然后根据：

① 如果响应时间改变量 perf$\Delta$ 大于阈值区间的上限，即请求的响应时间增加，而且超过了预先定义的性能约束条件，可认为此时系统的性能表现过低，则将磁盘转速的下限调整为磁盘最大转速，使低速旋转的磁盘全速旋转；

② 如果响应时间改变量 perf$\Delta$ 的变化在允许范围之内，即响应时间的变化在允许的范围内，性能约束条件满足，控制器保持该磁盘的最低转速值不变；

③ 如果响应时间改变量 perf$\Delta$ 小于某个阈值区间的下限，即请求响应时间的增加很小或者没有增加，性能约束条件同样得到了满足。但此时系统还有进一步节约能耗的潜力，阵列控制器重新计算磁盘的转速最低值。

DRPM 模型的主要价值在于其打破了磁盘单一转速的模式，将磁盘转速分为多个级别，使得磁盘依据工作负载的变化自动选择合适的转速进行数据存取。DRPM 的不足之处是在真实的磁盘内部实现难度较大，目前仅有少数磁盘厂商推出了两级转速的磁盘，但在实际存储系统内的大规模应用还有待时日。

### 2.1.2 磁盘阵列节能技术

近些年，由于能源危机问题使得能耗问题被广泛关注，数据中心磁盘存储系统的能耗问题也引起了国内外大学和研究机构的极大兴趣。磁盘阵列在存储系统内的广泛应用，使得数据中心海量数据存储通常采用磁盘阵列技术。因此，仅仅针对单个磁盘的节能技术的研究成果具有较大的局限性，大多数节能技术的研究是在磁盘阵列这个层次上进行的。

本节将重点分析目前已有的针对磁盘阵列节能技术的研究成果，针对每种模型，了解其应用场景，具体节能策略和节能效果等，为后续的针对磁盘阵列节能技术的分析提供思路和解决途径。

（1）EERAID（Energy-Efficient RAID）模型

美国内布拉斯加大学林肯分校（Nebraska-Lincoln）计算机科学与工程系的 Li 等提出了 EERAID 模型，充分利用了磁盘阵列内部的冗余信息，针对 RAID 1 和 RAID 5，分别设计了 EERAID 1 和 EERAID 5 模型。这两种模型将冗余信息的利用和 I/O 调度策略、阵列控制器级 Cache 管理策略等结合起来，采用非易失性缓存作为写回策略的 Cache 来优化写操作请求。

EERAID 1 模型采用了两种策略，窗口轮转（Windows Round-Robin，WRR）和功率及冗余感知刷新（Power and Redundancy-aware Flush，PRF）来实现有效节能。

RAID 1 模式也称为镜像模式，通过磁盘数据镜像实现数据冗余，在现有的众多针对 RAID 1 的读写算法中，更多考虑的是如何更有效率地读写数据，而并没有考虑到如何节能，WRR 通过向数据盘和备份盘交替地连续分发 $N$ 个数据读写请求（$N$ 即为窗口 Windows 大小）从而实现节能，传统情况下，$N$ 的值为 1，当针对某个磁盘组进行连续 $N$ 个读写请求时（Busy Group），其他的磁盘组即处于空闲状态（Idle Group），此时，将这些处于空闲状态的磁盘组进入待机状态，实现节能。

同时，针对 RAID 1 的写操作请求还需要和阵列控制器级 Cache 管理策略结合起来，在刷新 Cache 时，Cache 控制器可以优先选择那些属于已经向阵列发出读请求的磁盘组的 Cache 进行刷新，该策略即为 PRF 策略避免对其他 Cache 刷新引起针对磁盘的再读写所造成的能量消耗，从而提高节能效果。

EERAID 5 模型也同样采用了可变读（Transformable Read，TRA）和功率及冗余感知降级（Power and Redundancy-aware Destage，PRD）两种策略来实现有效的节能。

RAID 5 是一种将数据和奇偶校验进行交叉存储的阵列解决方案，之前针对 RAID 5 的节能方案的 Cache 策略都是假定阵列控制器中的每个缓存行（Cache Line）和磁盘一一对应，这对于描述复杂的 RAID 系统过于简单化。EERAID 5 针对 RAID 5 的特性，将读操作和写操作都加以考虑，在针对阵列磁盘进行读操作的过程中，可以有选择地重定向该操作，使其指向另外一个磁盘，但从用户层面上说，依然是获得同样的数据，通过该策略，可以将某些磁盘的空闲时间段加长，从而降低能耗，起到节能的效果，该方式即为可变读。该策略主要用于优化磁盘读操作。

另一种为磁盘阵列控制器缓存降级算法，即当磁盘处于高能耗的状态下减少磁盘的缓存块，该策略主要用于优化磁盘写操作。

对服务器中存储模块的运作过程进行监控以及对大量的服务器端磁盘阵列进行综合分析，并做了一系列的全程模拟实验，结果表明，对于单速（常规）磁盘来说，EERAID 1 和 EERAID 5 模型分别能够节能高达 30%和 11%；而对于多速磁盘来说，相比 DPRM 模式，EERAID 1 和 EERAID 5 模型分别能够节能高达 22%和 11%，体现了其优越的节能性能。

（2）eRAID（Energy-Efficient RAID）模型

eRAID 的名称类似于 EERAID，是由 Li Dong 所在课题组充分利用

RAID 1 的冗余特性来重定向 I/O 请求所提出来的模型。eRAID 主要用于镜像冗余磁盘阵列。eRAID 通过停止旋转部分或整个冗余组的磁盘来降低能耗，同时将系统性能的降低控制在一个可接受的范围内。仿真实验结果表明，在限定的性能影响范围内，eRAID 能够节省多达 32%的能量。

eRAID 通过挂起部分或整个冗余组的磁盘来降低能耗。当冗余盘处于挂起状态时，针对磁盘阵列的读请求将会定向到原始盘（Primary Disks）中的数据，而针对阵列中处于挂起状态的冗余盘的写请求将会被控制器缓存延缓，待这些盘运转之后再进行数据的刷新操作。

在针对 RAID 1 模式的模拟过程中，延缓写操作是通过 NVRAM 实现的，而 NVRAM 是通过电池供电的，因此，该方案并不影响 RAID 1 的可靠性，采用该方式实现节能的方案不仅适用于 RAID 1，也适用于 RAID 5。

（3）Hibernator 模型

美国伊利诺伊大学厄巴纳-香槟分校计算机科学系的 Zhu 等针对数据中心类型的负载特征，提出 Hibernator 模型。

在基于动态转速磁盘模型，由多种不同转速的磁盘组成的存储系统里，Hibernator 将数据迁移到合适转速的磁盘上，从而在保证一定性能要求的前提下达到节能的目的。Hibernator 中提出了 3 项关键技术：两级数据布局，热点数据放在磁盘全速旋转的 RAID 5 阵列上以保证高性能，而不活跃的数据放在低速旋转的 RAID 5 阵列上以节省能量；提出一个理论模型来决定优化磁盘设置；快速磁盘移动，以随机移动的方式在两级阵列间快速移动磁盘达到负载平衡。同时，一旦发生因为磁盘节能管理而导致的系统性能下降的风险，将会自动执行该策略。

OLTP 的模拟实验结果表明，Hibernator 最大可节约能耗 65%。分别为其他相应解决方案的 6.5～26 倍，应用在没有能耗监控的 RAID 5 中，最大可节能 29%。

Hibernator 模型结构如图 2.2 所示。

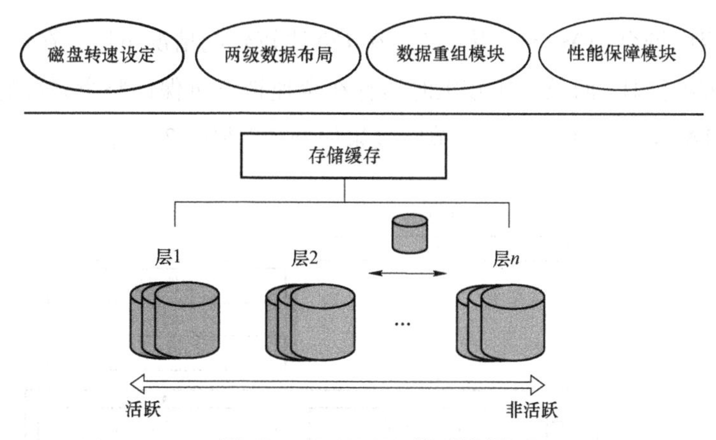


图 2.2　Hibernator 模型结构

其中：磁盘转速设定（Disk Speed Setting）用于磁盘转速设定的模块，两级数据布局（Multitier Data Layout）分为活跃数据和非活跃数据，数据重组模块（Data Reorganization）优化磁盘设置。

（4）PARAID（Power-Aware RAID）模型

佛罗里达州立大学 Weddle 等在传统磁盘阵列的基础上，依据系统负载的轻重变化自动调整组成磁盘阵列的活动成员个数，形成一种可动态变换的多挡磁盘阵列组织方法，从而在满足性能需求的前提下实现最大程度的节能。

PARAID 不需要特殊的硬件，只使用商业服务器级别的硬盘就可以达到节能效果。它通过改变上电的磁盘的数目以倾斜的条带模式来适应系统的负载。让低负载的磁盘停止运转来减少系统能耗，根据系统负载来调整上电的磁盘数来保证系统性能。系统的可靠性通过减少磁盘上电/掉电的周期以及使用 RAID 编码方式来保证。PARAID 将数据块拷贝到未被使用的数据空间，并将这些数据块组成倾斜的条带，这样磁盘被组织成分层的、重叠的 RAID 集合。每个 RAID 包含不同数量的磁盘，并且它存储数据能够响应所有的用户请求。每个 RAID 跟汽车的一个挡位相似，不同的 RAID 提供不同的并行度，也就是不同的读写性能。

PARAID 模型具备 3 个特征：降挡、不影响峰值特性、不影响可靠性。

实验结果表明，在由 5 个磁盘构成的原型系统中，PARAID 较传统的磁盘阵列在性能和可靠性方面基本相当，但可以节省 34%的能量。PARAID

典型的应用场合是 Web 应用负载，在 I/O 比较轻的情况下运行在低速挡状态下可节约能耗，而负载比较重时运行在全速挡下可保证整个系统的能耗。

PARAID 模型逻辑结构及节能效果如图 2.3 和图 2.4 所示。

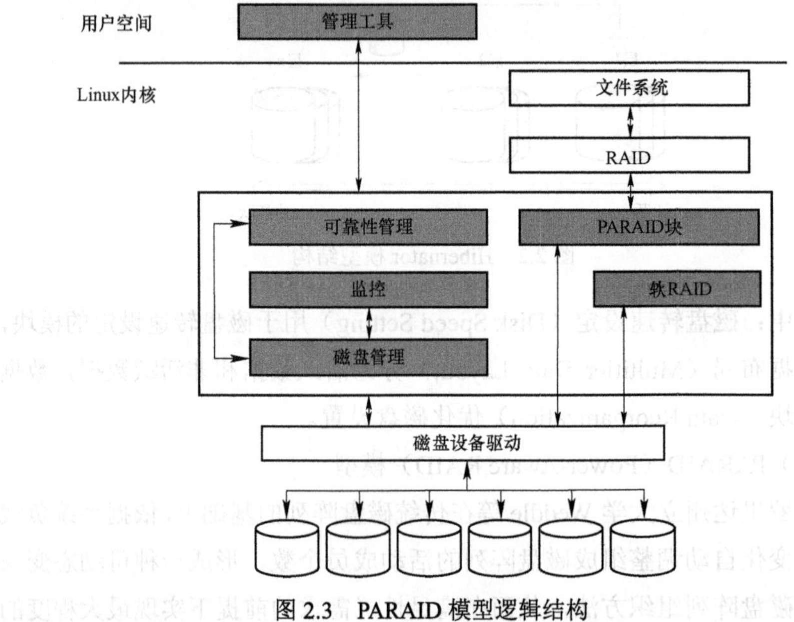


图 2.3 PARAID 模型逻辑结构

其中：为磁盘设备驱动层，提供对底层磁盘的操作控制；Linux 内核层包括磁盘管理（Disk Manager）模块、监控（Monitor）模块、可靠性管理（Reliability Manager）模块及文件系统（File System）模块等。

（5）PA/PB-LRU 模型

美国伊利诺伊大学厄巴纳-香槟分校计算机科学系的 Zhu 等提出的针对到达不同磁盘的不同的 I/O 行为，比如不同的请求间隔时间分布等，提出了 PA-LRU（Power-aware LRU）和 PB-LRU（Partition-based LRU）算法来提高存储系统的能效，由于 PA-LRU 有很多参数需要动态调整，不便于实际应用，因此 PB-LRU 将 PA-LRU 的思想具体化，即针对每个磁盘不同的访问特点，将整个 Cache 按照每个磁盘的特点进行分割，然后给每个磁盘使用，根据系统的访问负载和能耗需求进行动态调整。例如当某个磁盘处于休眠状态时，则给该磁盘分配的 Cache 空间增大，以尽可能地延长其在休眠状态的时间，达到降低能耗的目的。

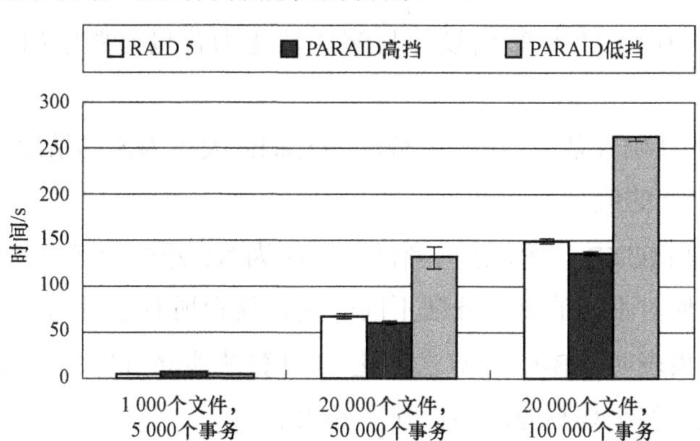


图 2.4　PARAID 节能效果比较

PA-LRU 算法是基于阵列中不同的磁盘具有不同的工作特性，比如，针对磁盘读写请求的时间间隔分布，发生的不可避免的 Cache 未命中情况等，磁盘的这些特性直接影响到访问磁盘的能耗。

PB-LRU 是基于分割的 LRU 算法，尽管 PA-LRU 相比 LRU 算法能效更高，但是其很多参数需要动态调整，PB-LRU 则几乎不需要参数的调整。PB-LRU 同样要区分磁盘的不同特性，通过动态地控制缓存块分配给不同的磁盘，以最小化存储系统的能源消耗为原则，将整个 Cache 分为多块，每一块对应一个磁盘，同时，块的大小在磁盘工作状态发生变化时进行周期性调整，每一块都由一个独立的原始置换算法管理。

磁盘阵列中的能量总消耗计算公式如式 2.5 所示。

$$
\begin{aligned}
&\text{minimize} \quad \sum_{i=1}^{n} E(i,S_i) \\
&\text{subject to} \quad \sum_{i=1}^{n} S_i \leqslant S,\ S_i = \sum_{j=1}^{m} p_j x_{ij} \\
&\qquad\qquad \sum_{j=1}^{m} x_{ij} = 1,\ x_{ij} = 0 \text{ or } 1
\end{aligned}
\tag{2.5}
$$

图中 $E(i,S_i)$ 表示磁盘 $i$ 当 Cache 大小为 $S_i$ 时所消耗的能量，要求总能量最小。$X_{ij}$ 取 0 或者 1，表示磁盘 $i$ 是否拥有长度为 $S_i$ 的 Cache 大小。$P_j$ 为可能的 Cache 大小值。

PB-LRU 算法的实质是如何使 $E(i,S_i)$ 最小化的问题，而该问题则是一个 MCKP（Multiple Choice Knapsack Problem）问题，即著名的 0－1 背包问题，PB-LRU 算法的设计与解决转化为背包问题中如下两个问题的解决：

① 如何精确评估磁盘 $i$ 在所分配的 Cache 大小为 $S_i$ 的情况下的能量消耗，即 $E(i, S_i)$ 的值。

② 解决 MCKP 问题，该问题已被证明为 NP 难的问题，即在 $S$ 一定的情况下，如何对不同的磁盘分配不同的 $S_i$，使得所有磁盘的总能耗最小。

实验结果表明，PB-LRU 算法相比 LRU 算法能够节省 22%的磁盘能耗，同时在性能上将平均响应时间提升了 64%。

（6）MAID（Massive Arrays of Idle Disks）模型

为了提升归档存储系统的能效，Colarelli 等提出的 MAID 模型采用额外的磁盘作为缓存磁盘，将热点访问的数据置于新添加的缓存磁盘上，从而最大限度地减少定向到后端磁盘的 I/O 数量，从而避免后端磁盘频繁地由低能耗的待机状态切换到高能耗的活动状态。MAID 适用于归档存储系统，即磁盘数量比较多的大规模存储系统。

MAID 模型结构如图 2.5 所示。MAID 技术将磁盘阵列分为一个或多个活跃盘（Active Drivers），活跃盘则一直保持旋转；其他的则是被动盘（Passive Drivers），被动盘在一段足够长的空闲时间后会停止旋转。通过 iSCSI 接口访问，请求通过多个 Initiator 访问服务器。

其中，通过 iSCSI 接口的访问请求经过虚拟化管理模块（Virtualization Manager）分别指向活跃盘的缓存管理模块（Cache Manager）和被动盘的管理模块（Passive Drivers Manager）。

MAID 模型中，被动磁盘相当于传统的磁盘阵列，活跃磁盘作为系统读写缓存。磁盘每 512 个扇区为一块，缓存索引按照 LRU 策略管理缓存数据。缓存检测所有读请求，为了保证数据一致性，读请求优先查找写缓存中的数据，如果请求数据在缓存中，则从缓存中读取数据；对于写请求，同样查找缓存，如果写地址在缓存中，则写请求会写到缓存中。被动盘则一直处于待机状态，直到缓存中读请求未命中或者某磁盘写数据太多。一旦磁盘恢复到活跃状态，被动盘也能服务读请求和写请求。

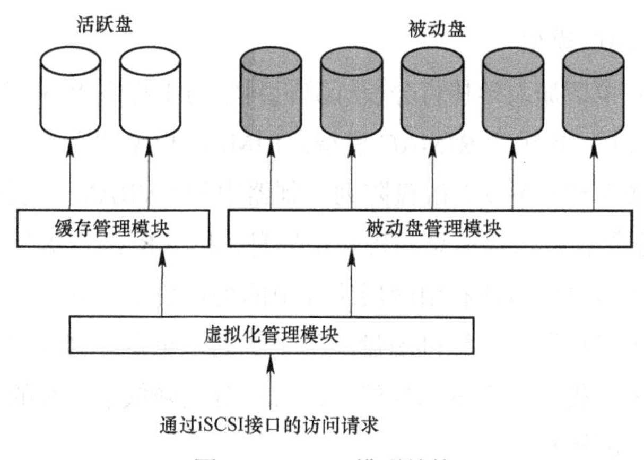


图 2.5　MAID 模型结构

（7）PDC（Popular Data Concentration）模型

美国新泽西州立罗格斯大学计算机科学系的 Pinheriro 等针对基于磁盘阵列的网络服务器提出了 PDC 模型，该模型基于如下事实：在网络数据访问中，只有少数的文件被频繁访问，其他的绝大多数文件很少被访问。因此 PDC 模型的基本原则为：针对存储系统的数据访问频率的差异性，周期性地将热点数据迁移到少数磁盘上，并将访问频率较低的数据集中于剩下的磁盘上。这样可以使绝大部分的 I/O 请求被尽可能少的磁盘所处理，使处于待机状态的磁盘个数尽可能多，以有效提高系统的能效。PDC 对于访问热度比较强的应用效果比较明显，如 Web 应用等。但是在节约能耗的同时，PDC 对于系统的性能有一定的影响。因为 PDC 将大多数应用请求都集中到了小部分磁盘上，这样就使这部分磁盘的 I/O 负载比较重，延长了每个请求的排队时间，从而增大了系统的 I/O 响应延迟。

在实际的部署中，按照数据访问频率的不同，将访问频率最高的一批文件放在第一个磁盘，次高的放在第二个磁盘，依次存放。实际上，为了避免出现性能瓶颈必须考虑磁盘的负载，在存放第一个磁盘时，先把访问频率最高的文件依次放进来，直到达到预计的磁盘负载，再把剩下的文件中访问频率最高的文件放在第二个磁盘，直到达到预计的磁盘负载，以此类推。

实验表明，PDC 模型相比 MAID 模型在网络热点访问上具有更好的节能效果。

（8）RIMAC 模型

美国内布拉斯加大学林肯分校计算机科学与工程系 Yao 等在 EERAID 5 模型的基础上，提出了 RIMAC 模型。RIMAC 模型建立了两层 Cache 结构，将内存缓存和 RAID 5 磁盘阵列控制器中的 NVRAM 两层缓存机制组合起来，分别保存数据块信息和校验块信息，利用 RAID5 编码的异或校验特点，一方面尽可能多地利用两层缓存中的缓存数据服务上层 I/O 请求，另一方面尽可能将发送到待机磁盘上的 I/O 请求重定向到其他的活动磁盘上，这样一方面提高了系统的性能，同时也有效降低了系统的能耗。其模块结构如图 2.6 所示。

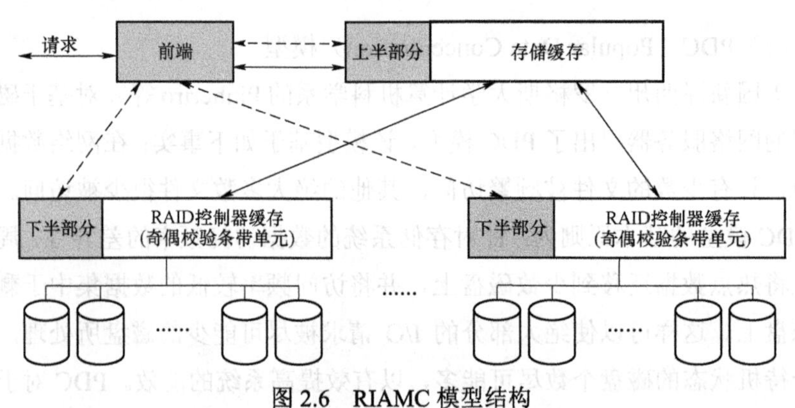


图 2.6　RIAMC 模型结构

其中，存储缓存用于数据存储，RAID 控制器缓存用于校验数据存储。

RIAMC 模型中包含 3 个模块：两种功耗敏感的读请求转化模块——缓存可变读和磁盘可变读，针对校验的写请求转化策略，一种可再选的用来提高请求转化率的校验缓存替换算法。

与采用 LRU 模型的阵列相比较，4 磁盘的 RAID 5 阵列上建立的 RIMAC 模型能够节省约 17.7%的能耗和 33.8%的平均响应时间，即使磁盘数量增加到 6 时，RIMAC 模块依然可以节省 10.8%的能耗和减少 6.8%的平均响应时间。

（9）GRAID 模型

为了解决数据中心的能源消耗问题，并且考虑整个系统的可靠性，华中科技大学的毛波提出了一种绿色的磁盘阵列数据布局方式，即绿色磁盘阵列（GRAID）。它扩展了数据镜像冗余磁盘阵列 RAID 10，加入一个专门的日志磁盘。绿色磁盘阵列的目标是显著地提高能源效率或可靠性，并且没有明显牺牲可靠性或能源的使用效率。GRAID 的基本思想是对所有的写请求，一份数据写入两个镜像盘中的一个，另一份数据顺序地写入日志盘中，并且在非易失性存储器中标记该请求，另一个镜像盘置于低能耗状态。一段时间后再把所有的镜像磁盘旋转起来，将修改过的数据从主磁盘更新到镜像盘中。这样可以最大限度地保证 GRAID 关闭一半的磁盘来节约能耗，相比于现有的节能技术，可靠性也得到了保证。性能评估结果表明，GRAID 的能效明显优于 RAID 10，最多提高了 32.1%，平均提高了 25.4%。

GRAID 模型的结构布局如图 2.7 所示。

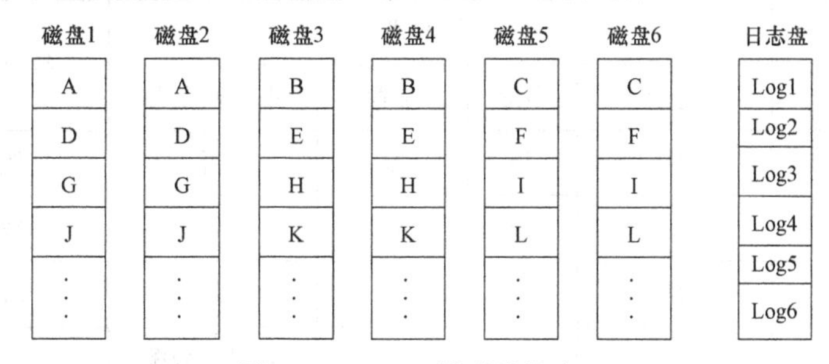


图 2.7　GRAID 模型结构布局

### 2.1.3　系统级节能技术

为了实现系统级的节能技术，Write Off-Loading 方法通过在多组磁盘阵列组成的存储系统中，将要写到待机磁盘上的部分数据重定向到其他磁盘阵列组中的活动磁盘上，以尽可能地延长磁盘待机时间，并降低磁盘启停的切换频率。对于写请求比较多的应用，Write Off-Loading 技术的节能效果比较明显。

Pergamum 方法则是针对归档存储系统的节能技术。Pergamum 在每个节点添加一定量的 NVRAM 来存储数据签名、元数据以及其他一些较小规模的数据项，从而使延迟写、元数据请求以及磁盘间的数据验证等操作均可以在磁盘处于待机状态的情况下进行。

上述方法都是针对系统级的节能技术，并不在本文的讨论范围之内，因此不做详细论述和分析。

## 2.2 存储系统节能技术分析

### 2.2.1 节能技术效果分析

基于磁盘阵列的存储系统节能研究一直是存储领域内的一个热点问题，不同磁盘布局及其节能策略随着应用场合的不同，各有其优缺点。

不同磁盘布局的节能效果如表 2.2 所示。

**表 2.2 不同磁盘布局的节能效果**

| 磁盘布局 | 节能方式 | | | | 综合性能 |
|---|---|---|---|---|---|
| | 冗余 | 多速 | 缓存 | 不平衡负载 | |
| EERAID | 是 | 是 | 是 | 否 | 较高 |
| eRAID | 是 | 否 | 否 | 否 | 较高 |
| PARAID | 是 | 否 | 否 | 是 | 较高 |
| MAID | 否 | 否 | 是 | 数据重分配 | 一般 |
| PDC | 否 | 否 | 否 | 数据重分配 | 较低 |
| GRAID | 是 | 否 | 否 | 是 | 较高 |
| RIMAC | 是 | 否 | 是 | 请求重定向 | 较高 |
| Hibernator | 否 | 是 | 否 | 数据重分配 | 较高 |
| PA/PB-LRU | 否 | 是 | 是 | 否 | 较高 |

Zhu 等提出的 Hibernator 节能存储系统，存在如下问题：磁盘在不同的 RAID 间迁移时，需要重新布局，生成相关 RAID 中的所有校验块，将增大管理难度和影响性能；每个 RAID 都需要一个校验盘，磁盘存储空间的利用率低；多转速磁盘至今未能广泛应用。

Weddle 等提出的 PARAID，也存在着一些问题：在不同级的 RAID 5

间切换时，需要进行数据同步，对于以写数据为主的存储系统，性能将会受到极大影响；PARAID 中的每级 RAID 5 都需要包含一份完整的存储数据，尽管各级 RAID 5 之间可共享部分数据，仍然会浪费较大的存储空间，同时，在海量数据存储中，这是 PARAID 的致命缺点，使 PARAID 基本丧失了节能效果。

PDC 方法根据访问频率周期性地迁移文件到各个磁盘中，使闲置文件集中到一些磁盘上。MAID 使用少量额外磁盘始终运行，作为 Cache 盘保存经常访问的数据，以减少对后端阵列的访问。以上两种节能方法，均根据数据访问频率来实现节能，但在视频监控等系统中，以写操作为主要访问模式，而且访问数据的逻辑地址，在存储空间中基本服从均匀分布，因此采用这两种方法很难获得理想的节能效果。

Wang 等提出的 eRAID，利用 RAID 的冗余特性来重定向 I/O 请求，通过关闭冗余磁盘来降低能耗；Li 等提出的 EERAID，将 RAID 内部的冗余信息、I/O 调度策略、Cache 管理策略结合起来，采用 NVRAM 来优化写操作；毛波等提出的 GRAID，将两次更新之间的写入数据存放到日志磁盘和主磁盘上，从而可关闭所有的镜像磁盘来降低能耗。以上方法最多可节省全部冗余磁盘的能量，节能效率不高。涉及的镜像 RAID，由于存储空间利用率不高，不适合面向海量数据存储，且最优节能效果小于 50%。

Write Off-Loading 方法，把待机数据卷（数据卷中的磁盘待机）的写请求，暂时重定向到存储系统中某个合适的活动数据卷上，并在适当的时机恢复重定向的写数据。该方法显然不适合以写操作为主的连续数据存储应用。

Pergamum 方法对归档存储系统进行了节能研究，归档系统的数据访问方式比较简单，如写一次，可能读，新写数据与旧数据不相关等。因而不适合一般的连续数据存储系统，如在视频监控系统中，存储空间写满后，需要删除最早的视频数据以容纳新数据，因此要执行多次写操作。Son 等针对科学计算中固定的数据访问模式，优化了 RAID 5 中的配置参数，如磁盘个数、条带深度等，获得了良好的节能效果。

相对于上述以磁盘为主要存储介质的磁盘节能系统来说，以固态硬盘（SSD）为基本存储介质的系统具有一定的速度和能耗优势。基于NAND的SSD，相对磁盘最突出的优点是没有机械装置，因而访问延迟小、抗震性强。SSD擅长处理随机和小文件负载类型，而磁盘擅长的顺序负载往往具有大数据量的特点，由于容量和单位价格的限制，SSD在海量数据存储中，更多地将作为一种与磁盘阵列互补的介质存在。如EDT在基于SSD、SAS、SATA的多层存储结构中，执行动态数据迁移来降低存储能耗，并提供与SAS系统接近或更高的性能。同理，SSD也可以与S-RAID 5组成混合存储系统，以进一步优化节能效率和提高性能，这值得进一步研究。

综上，已有的节能研究主要面向以随机访问为主的存储系统，并试图适应各种工作负载，没有针对连续数据存储中固有的负载特性和访问模式进行节能研究，导致在连续存储系统中的节能效果有限。

### 2.2.2 节能常用技术分析

存储系统的节能研究，在经历了2003—2008年五六年时间的高速发展期后，现已回归到正常的发展轨迹上来，存储系统节能研究的发展趋势如何呢？本节将从以下两个方面，进行初步的探讨。

（1）针对混合、分层存储系统进行节能研究

存储领域正在经历着巨大的变革，主要包括两个方面，首先，以NAND Flash为代表的新型存储器件已经开始大规模应用到存储领域，其他类型的固态存储器件，如PCM存储器、MRAM存储器也日渐成熟，基于上述固态存储器件的SSD，将会与磁盘一样，成为一种重要的外存储器。

SSD的硬件结构如图2.8所示。

SSD主要包括SSD控制器、闪存阵列以及RAM、Cache和外围接口等。

SSD控制器（SSD Controller）是SSD的核心部件，它负责控制整个系统各个部件协同工作。一方面通过主机接口（Host Interface Logic）接收读写命令，实现与主机的数据传输；另一方面通过闪存（NAND Flash）接口，实现与闪存阵列的数据传输。

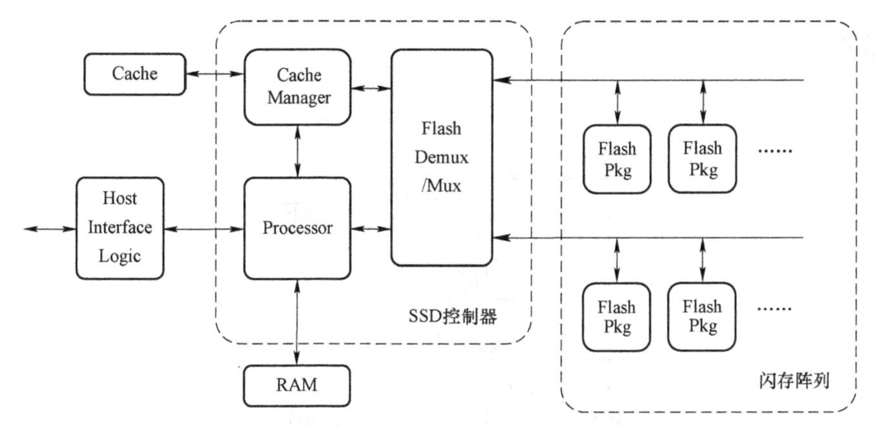


图 2.8　SSD 的硬件结构图

闪存阵列（NAND Flash Array）：SSD 的数据存储主体，由多个闪存芯片（Flash Pkg）构成，用于存储用户数据、SSD 的元数据以及 SSD 的固件程序等。

受存储单元集成度的限制，SSD 在存储容量方面很难与磁盘相比，由于价格等方面的因素，在可预见的将来，在大规模数据存储中，SSD 是无法彻底取代磁盘的。由于在性能、存储容量方面与磁盘具有很好的互补关系，因此 SSD 与磁盘一起组成混合或分层存储系统，是切实可行的存储解决方案。

另外，基于云的各种应用开始快速发展，而云中的存储服务——云存储，既需要提供海量数据存储能力，又需要提供足够的访问速度，而目前的存储器件（如 SSD、硬盘）均难以单独实现以上目标，因此也需要构建基于 SSD 的混合存储系统或分层存储系统，以满足云存储中的高性能与海量存储需求。

图 2.9 给出了一种基于 SSD 与磁盘的混合存储结构，其中上层部件，如文件系统等，视底层存储设备为单一的块设备，与直连设备一样，创建分区和文件系统。混合存储系统管理层包括重定向器、监控器和数据移动器三部分。读写请求首先发送给重定向器，重定向器查询映射表，如果请求块在 SSD 中，则重定向该请求到 SSD；否则，把该请求发给硬盘驱动器。监控器收集读写请求，定期分析数据访问历史，由此确定哪些数据需要被重定向到 SSD，并请求数据移动器在存储设备之间迁移

数据。

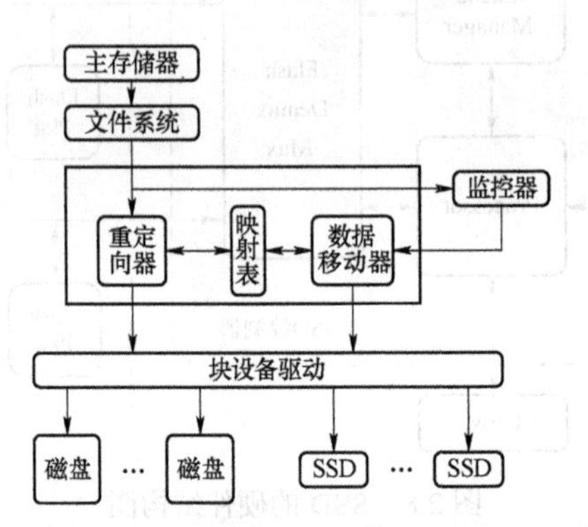


图 2.9 一种基于 SSD 与磁盘的混合存储结构

图 2.10 给出了另一种基于 SSD 与磁盘的分层存储结构，使用 SSD 构造上层存储系统，作为集群逻辑卷管理（Logical Volume Manager，LVM）的全局缓存，并结合预读技术，将热点数据迁移到 SSD 存储层，提高 I/O 响应速度；后端磁盘阵列提供海量存储能力。基于 NAND Flash 的 SSD，其数据读写方式与磁盘迥然不同，因此需要根据其特殊的读写方式，研究高效的数据缓存与数据迁移方案。

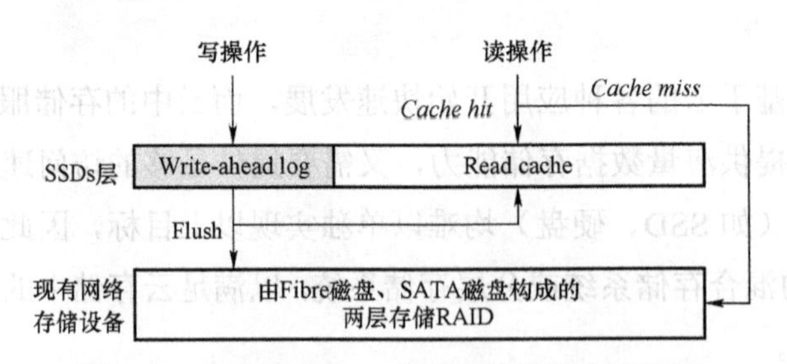


图 2.10 一种基于 SSD 与磁盘的分层存储结构

基于 SSD 与磁盘的混合或分层存储系统，能够充分发挥 SSD 与磁盘的优点，同时弥补各自的缺点，是构建高性能、大容量存储系统的首选方案，因此，针对混合与分层存储系统进行节能研究，是存储系统节能研究的发展趋势。

（2）针对具体存储应用，进行节能研究

判断节能方法的有效性，需要从节能效果和性能两方面考虑，而对于性能指标，应该以具体存储应用的实际需求为基准进行设定。根据对平均响应时间和对最大响应时间的敏感度，文献［65］中把存储应用大致分成 3 种不同的类型，当然某些存储应用可能介于两种类型之间，而不是严格归属于其中的某一种类型。

① 对最大响应时间敏感，对平均响应时间敏感：通常是一些关键事务应用程序，如事务型数据库、OLTP 等应用；

② 对最大响应时间不敏感，对平均响应时间敏感：指那些重要但并不总是重要的应用，这些应用需要很好的存储性能，但能够接收偶尔的服务延迟，如网页存储、多媒体服务、一般用户文件存储等应用；

③ 对最大响应时间不敏感，对平均响应时间不敏感：主要包括医疗或通用的备份、归档以及电子发现（eDiscovery）等应用，能够接收秒级的服务延迟，对响应时间不敏感。

存储应用性能需求的多样性，要求开展针对性的、细粒度的节能方法研究，根据具体存储应用的存储特性及性能需求，提出优化的节能方法，是存储系统节能研究的另一个发展趋势。

## 2.3 节能磁盘阵列——S-RAID 4

在一些常见的应用环境中，例如备份系统、归档系统等，要求存储系统具有海量数据存储空间和高可靠性，但是对存储系统的性能要求不高。例如实时备份的 Facebook 网站每天要产生 12 TB 数据，需要存储系统数据传输率仅约为 150 MB/s，而由 12 块磁盘组成的 RAID 5 最高能提供大于 1 000 MB/s 的数据传输率，由此可见，在采用 RAID 存储架构的数据中心，阵列中大量磁盘并行所带来的高性能在这类应用系统中被严重浪费，却不得不承受由此带来的高能耗。S-RAID 是针对这些对存储系统性能要求不苛刻，但对容量和可靠性有着较高需求的应用而设计的。

S-RAID 采用局部并行策略，对阵列中磁盘进行分组，组内磁盘并行工作，根据对存储系统性能要求，将数据访问在一定时间内集中到一组或几组磁盘内，通过磁盘调度算法，将超出特定时间间隔无数据请求的磁盘组关闭，以节省能量消耗。S-RAID 通过牺牲存储系统部分性能，在满足应用需求的前提下，取得了很好的节能效果。

由于本书的研究基础正是S-RAID，因此下面介绍S-RAID 4数据布局及其相关节能策略。

S-RAID在保证应用系统对存储系统性能要求的前提下，对RAID中磁盘进行分组，使写操作集中在部分磁盘上，通过关闭处于空闲状态的磁盘，达到节能效果。由$n$块磁盘组成的S-RAID 4中，数据盘有$n-1$块，1块校验盘，存储系统空间利用率为$n-1/n$，空间利用率与RAID 4相同。假设$n-1$块磁盘分为$g$组，则每组包含$n-1/g$块磁盘。图2.11所示为由5块磁盘组成的S-RAID 4的数据布局结构，4块数据盘分为2组，每组2块磁盘，划分为$m$个条带。

图中，$D_0$、$D_1$、$D_2$、$D_3$和P表示S-RAID中的5块磁盘，其中，$D_0$、$D_1$、$D_2$和$D_3$为数据盘，分为两个组，分别为$G_0$，$G_1$，$G_0=\{D_0,D_1\}$，$G_1=\{D_2,D_3\}$。$B_{d,s}$表示数据块所在位置，其中$d$表示数据块所在磁盘号，$s$表示数据块所在条带号，$n$表示阵列中数据盘总数，$m$表示阵列中划分条带数。P为校验盘。$Stripe_s$表示条带号，$SP_s$表示条带$Stripe_s$上的校验数据，S-RAID 4中数据块的逻辑块地址按图中箭头方向升序排列，组内相邻。

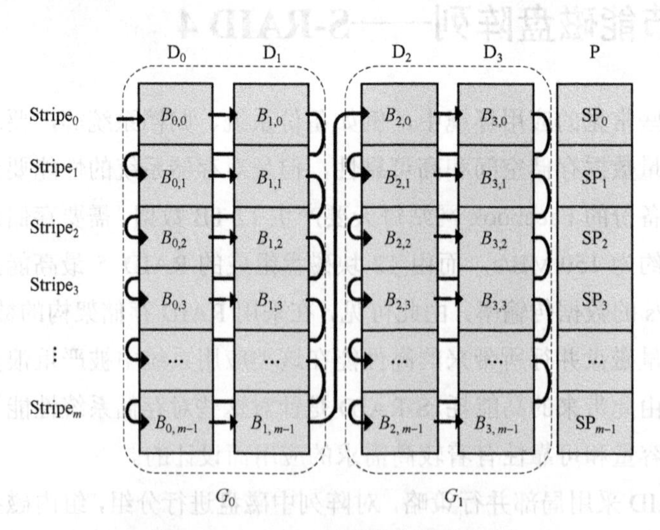


图2.11 S-RAID 4数据布局结构图

由$n$块磁盘组成的RAID 4可用矩阵表示，如式（2.6）所示：

$$\begin{pmatrix} B_{0,0} & B_{1,0} & \cdots & B_{n-2,0} & \mathrm{SP}_0 \\ B_{0,1} & B_{1,1} & \cdots & B_{n-2,1} & \mathrm{SP}_1 \\ \vdots & \vdots & \ddots & \vdots & \vdots \\ B_{0,m-1} & B_{1,m-1} & \cdots & B_{n-2,m-1} & \mathrm{SP}_{m-1} \end{pmatrix} \tag{2.6}$$

根据逻辑块地址 blkno，由式（2.7）计算出该块所在组 $k$：

$$k = \left\lfloor \frac{\mathrm{blkno}}{m \cdot N_G} \right\rfloor \tag{2.7}$$

式中，$N_G$ 表示每组磁盘个数；$m$ 表示阵列中条带数。

该块所在组起始块地址由式（2.8）给出：

$$L_{G_k} = k \cdot m \cdot N_G \tag{2.8}$$

根据数据块的逻辑块地址通过式（2.9）可以计算出其所在条带：

$$f_{\mathrm{Stripe}}(\mathrm{blkno}) = \left\lfloor \frac{\mathrm{blkno} - L_{G_k}}{N_G} \right\rfloor \tag{2.9}$$

计算数据块所在磁盘位置见式（2.10）：

$$f_{\mathrm{Disk}}(\mathrm{blkno}) = ((\mathrm{blkno} - L_G) \bmod N_G) + k \cdot N_G \tag{2.10}$$

数据块的逻辑地址与物理地址的映射关系可由式（2.11）表述：

$$f(\mathrm{blkno}) = B_{f_{\mathrm{Disk}}(\mathrm{blkno}), f_{\mathrm{Stripe}}(\mathrm{blkno})} \tag{2.11}$$

反之，已知计算数据块 $B_{i,j}$ 所在磁盘和条带，其逻辑块地址见式（2.12）：

$$\mathrm{blkno}(B_{(i,j)}) = L_G + j \cdot N_G + (i - k \cdot N_G) \tag{2.12}$$

S-RAID 4 中校验数据块计算公式如下：

$$\mathrm{SP}_s = B_{s,0} \oplus B_{s,1} \oplus \cdots \oplus B_{s,n-2} \tag{2.13}$$

注：$\oplus$ 运算符含义为异或。

S-RAID 4 中数据块的逻辑块地址组内相邻，在连续数据读写操作时，存储系统在一段时间内只在某一组磁盘上进行，其余磁盘将在很长的时间段内无 I/O 访问，处于空闲状态，将这部分处于空闲状态的磁盘置于停机状态，可以节省存储系统能耗，同时也可以延长磁盘寿命、提高存储系统的可靠性。

## 2.4 本章小结

本章针对目前已有的磁盘阵列的节能技术，重点分析了其数据布局、节能机制和节能效果，并对其做了性能比较，分析其应用到连续数据存储系统下的优缺点，在此基础上，归纳了应用于磁盘阵列节能存储的基本方法和策略，介绍了应用于连续存储的节能磁盘阵列 S-RAID 4，对其磁盘分组方式、节能策略进行了全面介绍和分析，后续的性能优化和节能研究将在此基础上展开。

# 第3章　S-RAID 5节能磁盘阵列

## 3.1　引　言

随着数字信息的爆炸式增长，存储系统的规模日渐增大，其能耗也随之增大，美国2005年全国数据中心的能源费用达到40亿美元，而磁盘驱动器是这些存储系统能耗的主体，例如在Dell PowerEdge 6650系统中，磁盘驱动器的能耗占71%，为系统中处理器能耗的18倍，因此对存储系统进行节能设计是极其必要的。

在大规模存储系统中，为了提高存储的可靠性和改善I/O性能，通常采用独立磁盘冗余阵列RAID。RAID把多个磁盘联合起来，形成统一的逻辑存储设备，常用技术有条带化、磁盘镜像和错误修正。如RAID 4、RAID 5、RAID 6，把数据条带化后，分散存储到阵列中的不同磁盘上以保证并行性，并采用冗余校验，在保证数据安全性的同时，可获得大容量和高数据传输率，但是阵列中全部磁盘并行工作增加了能耗及磁盘损耗。

近年来，视频监控、连续数据保护、虚拟磁带库等存储系统得到广泛应用，这类存储系统的特点是具有海量存储空间，以顺序访问为主，而对随机I/O性能要求较低。这类系统称为顺序数据存储系统。

与其他存储系统不同，顺序数据存储系统一般对数据传输带宽要求不苛刻，但对数据安全性、存储空间要求较高。表3.1给出了一个典型的32路视频监控系统的存储系统参数，工作时间为24小时/天×30天，分别采用D1和高清视频数据标准，磁盘容量为2 TB，单盘带宽保守估算为10 MB/s（顺序数据存储系统中，以顺序访问为主，平均带宽会超过10 MB/s）。由表3.1对比得，即使考虑视频回放、备份恢复等对带宽的额外需求，采用RAID 5磁盘阵列时，也存在着严重的性能浪费，同时伴随着严重的能源浪费和磁盘损耗。

表 3.1　32 路视频监控系统的存储参数

| 视频数据标准 | D1 | 高清 |
|---|---|---|
| 传输码率 | 2 Mb/s | 2 MB/s |
| 产生数据量 | 21 TB | 168 TB |
| 磁盘数量 | 11 块 | 84 块 |
| 组成 RAID 5 的带宽 | 110 MB/s | 840 MB/s |
| 实际带宽需求 | 8 MB/s | 64 MB/s |

因此，针对该类存储系统的负载特性和访问模式，提出一种适于顺序数据访问的节能磁盘阵列 S-RAID 5。S-RAID 5 具备 RAID 5 的冗余校验和存储容量聚合特性，在满足性能需求的前提下，通过降低 RAID 5 的并行性，以实现节能降耗的目的，S-RAID 5 的特点主要包括以下方面：

① 采用局部并行策略：把阵列中的磁盘分成若干组，组内采用并行访问模式，分组有利于调度部分磁盘运行而其余磁盘待机，组内并行用以提供性能保证；

② 采用贪婪编址法：在顺序访问模式下，保证 I/O 访问在较长时间内分布在部分确定的磁盘上，其他磁盘可以待机且待机时间充分长；

③ 通过磁盘节能调度算法，调度磁盘运行或待机，以实现节能的目的。

在 32 路 D1 标准的视频监控模拟实验中，在满足性能需求、单盘容错的条件下，24 小时功耗测量实验表明：S-RAID 5 的冗余磁盘最少，功耗最低，其功耗为节能磁盘阵列 Hibernator 功耗的 59%，eRAID 功耗的 23%，PARAID、GRAID 功耗的 21%左右。

## 3.2　相关工作

### 3.2.1　研究现状

存储系统节能研究一直是存储领域内的一个热点问题，并取得了一些重要成果。现代磁盘有待机、运行两种工作模式：待机时盘片完全停止转动；运行时盘片全速转动。运行模式又分为读写操作和空转两种状态，读写操作时盘片全速旋转的同时磁头还要进行寻道。不同工作状态下磁盘的能耗不同，如 Fujitsu MAP3367 磁盘的能耗如表 3.2 所示。

**表 3.2　Fujitsu MAP3367 磁盘的能耗**

| 工作状态 | 平均功耗 |
| --- | --- |
| 读写操作 | 9.6 W |
| 空转 | 6.5 W |
| 待机模式 | 约 2.9 W |

基本的能量控制算法是当磁盘空转时间达到一定值后，就把磁盘转入到低功耗的待机模式，而当请求到来后，磁盘再转入运行模式，称为 TPM（Traditional Power Management）算法。该算法不适合基本 RAID。如 RAID 5 把数据条带化后分散存储到不同磁盘上，阵列中磁盘被频繁读写，而无法转入待机模式。

Gurumurthi 等提出一种多转速磁盘模型，该模型能够在盘片转动时动态调整转速，并且能够在低速状态下执行读写操作而无须转入全速状态。索尼（Sony）公司开发出一种两转速的商业磁盘，但要切换到待机模式后才能实现转速调整。Carrera 等提出开发动态多转速磁盘，根据工作负载调整转速：当磁盘的工作负载小于低速吞吐量的 80%时，转入低速模式，大于该值时，转入高速模式，称该法为 LD（Load Directed）算法。Gurumurthi 等提出 DRPM（Dynamic RPM）算法，根据平均响应时间和磁盘请求队列的长度来动态调整磁盘的转速。上述的多转速磁盘，仍停留在理论研究阶段，无法应用在实际系统中。

Zhu 等设计一种名为 Hibernator 的节能存储系统，将存储系统划分为若干个不同转速的 RAID，动态调整磁盘在不同 RAID 之间迁移，以实现系统的最小能耗。该方法存在如下不足：磁盘在不同 RAID 间迁移时，需要重新布局、生成相关 RAID 中的所有校验块，将增大管理难度和影响性能；每个 RAID 都需要一个校验盘，磁盘存储空间的利用率低；多转速磁盘未实际应用。

Weddle 等提出的 PARAID，把存储空间划分为若干个跨越不同磁盘数的逻辑阵列，动态调度不同的逻辑阵列工作可以提供不同的性能，进而实现节能的目的。该方法的不足是每个逻辑阵列都包含一份完整的存储数据，尽管逻辑阵列之间共享部分数据，仍然浪费较大的存储空间；进行逻辑阵列切换时需要进行数据同步，对于以写数据为主的存储系统，性能将会受到极大影响。

Son 等针对科学计算中固定的数据访问模式，优化 RAID 5 中的配置参数，如磁盘个数、条带深度等；MAID 使用少量额外磁盘始终运行，作为 Cache 盘保存经常访问的数据，以减少对后端阵列的访问。PDC 方法根据访问频率周期地迁移文件到各个磁盘中，使闲置文件集中到一些磁盘上。

Wang 等提出了 eRAID 模型，利用 RAID 的冗余特性来重定向 I/O 请求，eRAID 通过停止旋转部分或整个冗余组的磁盘来降低能耗，同时将系统性能的降低控制在一个可接受的范围内。Li 等提出了 EERAID 模型，将 RAID 内部的冗余信息、I/O 调度策略、阵列控制器级 Cache 管理策略结合起来，采用 NVRAM 作为写回 Cache 来优化写操作。

Write Off-Loading 方法在多个 RAID 组成的存储系统中，将要写到待机磁盘上的部分数据重定向到其他 RAID 中的活动磁盘上，以延长磁盘待机时间，并降低磁盘的启停频率。

Pergamum 方法针对归档存储系统，在每个节点添加一定量的 NVRAM 来存储数据签名、元数据以及其他一些较小规模的数据项，从而使延迟写、元数据请求以及磁盘间的数据验证等操作均可以在磁盘处于待机状态的情况下进行。

国内方面，谢长生、冯丹等承担国家自然科学基金重点项目“大规模数据存储系统能耗优化方法的研究”，提出存储系统的能耗优化方法：在部件、节点和系统 3 个层面都建立电力消耗的测量反馈系统以及相关的调节系统，解决复杂系统自适应动态调度问题。根据节能机制在系统的不同层次的作用范围、效果和成本之间的差异，提出多级、多约束优化方法融合的方法。

毛波提出了一种绿色磁盘阵列 GRAID，为 RAID 10 增加了一个日志磁盘，周期性地更新镜像磁盘上的数据，而将两次更新之间的写入数据存放到日志磁盘上和主磁盘上，从而能够关闭所有的镜像磁盘来降低能耗。

基于闪存（Flash）的固态盘 SSD 作为一种新兴的存储介质，相对磁盘最突出的优点是没有机械装置，因而访问延迟小、抗震性强。SSD 擅长处理随机和小文件负载类型，而磁盘擅长的顺序负载往往具有大数据量的特点。由于容量和单位价格的限制，SSD 在海量数据存储中，更多地将作为一种与磁盘互补的介质共同存在。如 EDT 在基于 SSD、SAS、SATA 的多层存储结构中，执行动态数据迁移来降低存储能耗，并提供与 SAS 系统接近或更高的性能。同理，SSD 也可以与 S-RAID 5 组成混合存储系统，以进一步优化节能效率和提高性能，这值得进一步研究。

### 3.2.2　存在的问题

已有的节能研究主要面向以随机访问为主的存储系统，并试图适应各种工作负载，导致难以取得进一步突破。

文献[2]和[28]中，涉及的多转速磁盘至今没有广泛应用。文献[2]、[39]中，涉及多组 RAID，即把存储系统划分为若干个 RAID，其中每个 RAID 至少需要一个磁盘的空间存储校验信息，存储空间的利用率不高，不适合那些对容量有较高要求的应用，如视频监控、CDP、VTL 等。文献[34]中的 PARAID，更是以牺牲存储空间的代价来换取节能效果。

文献[35]、[38]根据数据的访问频率，研究节能策略，但在视频监控等系统中，以写操作为主要访问模式，而且访问数据的逻辑地址，在 RAID 的逻辑空间中基本服从均匀分布，采用这两种方法很难获得理想的节能效果。

文献[40]、[41]及[50]，对基于镜像 RAID 的存储系统进行了节能研究，镜像 RAID 同样存在存储空间利用率不高的问题，且最优节能效果小于 50%。

### 3.2.3　S-RAID 5 的主要依据

S-RAID 5 的核心思想是：在满足性能需求的前提下，通过降低 RAID 5 的并行性，即采用局部并行策略，实现节能降耗的目的，主要依据如下：

（1）顺序数据存储系统一般对性能要求不高

顺序数据存储系统，如视频监控、CDP、VTL 等，其负载主要是顺序 I/O 流，数据的逻辑地址基本是顺序的，对 I/O 的并发性要求很低，对存储带宽的要求也不苛刻，而对存储空间要求较高。而数据库、联机事务处理（On-Line Transaction Processing，OLTP）等应用，则要求较高的随机 I/O 处理能力。

（2）单个磁盘的性能得到了显著提高

随着磁盘技术的进步，单个磁盘的性能得到了显著提高，表 3.3 列出了两种 Seagate 磁盘的相关参数，这为实现 RAID 的局部并行提供了性能保证。RAID 中部分磁盘并行工作已经能够提供足够的带宽和 IOPS。

表 3.3 Seagate 部分磁盘的相关参数

| 磁盘类型 | 容量/GB | 顺序传输/（MB/s） | | 随机访问（IOPS） | |
|---|---|---|---|---|---|
| | | 读操作 | 写操作 | 读操作 | 写操作 |
| Cheetah 10 K | 300 | 85 | 84 | 277 | 256 |
| Cheetah 15 K | 146 | 88 | 85 | 384 | 269 |

（3）负载特性使局部并行具有可行性

在顺序数据存储系统中，数据的逻辑地址更好地满足存储空间访问的局部性原理，保证了数据访问能够在足够长的时间内，分布在一个或几个确定的存储区域。S-RAID 5 使这些区域集中在部分磁盘上，并调度这部分磁盘处于运行模式，而其他磁盘则处于低功耗的待机模式。

## 3.3 S-RAID 5 的实现

S-RAID 5 的实现主要包括：底层数据布局、顶层节能调度算法、Cache 管理策略。

### 3.3.1 数据布局

设磁盘阵列 S-RAID 5 由 $N$ 块盘（物理盘或逻辑盘）组成，且 $N \geqslant 3$，构成 1 行 $\times N$ 列矩阵。将阵列划分为 $N$ 个条带，每个条带包含 $N$ 个存储块，其中 1 个校验块，$N-1$ 个数据块。

为了方便生成冗余校验信息，每个存储块划分若干个存储子块，可根据要求设置子块的大小，典型值如 4 KB、8 KB、16 KB 等，子块内数据的逻辑地址是顺序的。校验子块由同条带内偏移位置相同的 $N$-1 个数据子块异或运算得出。

用 $X(i,j)$表示 S-RAID 5 中的一个存储块数据，其中 $i$ 表示其所在的条带号，$j$ 表示所在的磁盘号，$X(i,j)$位于磁盘 $j$ 上，$0\leqslant i$，$j<N$。第 $i$ 条带内的校验块数据用 Parity($i$) 表示，与存储块数据 $X(i,j)$ 的关系为 $\text{Parity}(i)=X(i,N-1-i)$。数据块数据用 $D(i,v)$表示，$v$ 表示其在所属条带内的数据块序号（忽略校验块），$0\leqslant i$，$j<N-1$，与存储块数据 $X(i,j)$的关系，用式（3.1）表示：

$$D(i,v)=\begin{cases} X(i,v) & i+v<N-1 \\ X(i,v+1) & i+v\geqslant N-1 \end{cases} \tag{3.1}$$

为了能够提供合适的性能，需要对数据块进行分组，方案如下：将每个条带上的 $N-1$ 个数据块分成 $P$ 组，每组包含 $Q$ 个数据块，其中 $P\geqslant 2$，$Q\geqslant 1$，且满足 $P\bullet Q=N-1$。在各个组内，采用并行数据编址方法，编址单位为数据子块，编址方法如下：设组大小为 $S_{\text{Grp}}$，第 $p$ 组、第 $i$ 条带、第 $q$ 数据块内、偏移地址为 off 的数据子块的逻辑地址 $\text{LBA}_{p,i,q,\text{off}}$ 可表示为：

$$\text{LBA}_{p,i,q,\text{off}}=S_{\text{Grp}}\bullet(N\bullet p+i)+\text{off}\bullet Q+q \tag{3.2}$$

其中，$0\leqslant p<P$，$0\leqslant i<N$，$0\leqslant q<Q$，$0\leqslant \text{off}<S_{\text{Grp}}$。

根据式（3.2）得 S-RAID 5 的数据布局具有如下特征：

① 各组内偏移地址相同的数据子块的逻辑地址相邻；

② 逻辑相邻的组优先分布在相同或相近的磁盘上。

式（3.2）表示的编址方法为贪婪编址法。如图 3.1 所示，给出了 5 磁盘 2 分组的 S-RAID 5 的编址示意图，其中 $D$(0，0)、$D$(0，1) 采用并行数据访问机制，$D$(0，1) 与 $D$(1，0) 的逻辑地址相邻，依此类推。采用贪婪编址法，可以保证组内局部并行的同时，又使访问在较长时间内分布在部分确定的磁盘上，有利于调度其他磁盘待机，且待机时间充分长，以便获得更好的节能效果。

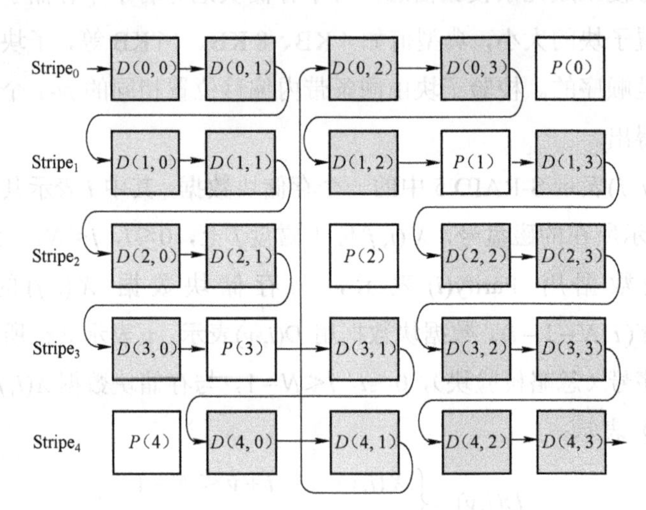


图 3.1　5 磁盘 2 分组 S-RAID 5 的数据布局

### 3.3.2 节能磁盘调度算法

一般情况下，S-RAID 5 只需一组或几组磁盘及其校验数据所在磁盘工作，需要调度其余磁盘进入待机状态，以便获得节能效果。为实现节能，需要根据请求队列的历史信息、I/O 访问在逻辑空间的分布区域，感知当前负载流的随机性及其时间空间分布特征，从而进行磁盘节能调度算法设计。

用 $r=(t_{\text{arrive}}, t_{\text{finish}}, \text{status}, \text{pos}, \text{len})$ 记录请求队列 rq 中的 1 个 I/O 请求，其中 $t_{\text{arrive}}$、$t_{\text{finish}}$、status、pos、len 分别表示请求 $r$ 的到来时间、完成时间、请求状态、起始逻辑地址和请求长度。请求状态包括等待、执行、完成等状态，请求长度以扇区为单位，用 $r.x$ 表示请求 $r$ 的参数 $x$。

由请求 $r$ 的逻辑地址 pos 到磁盘号 $j$ 的映射 $f(r \cdot \text{pos})$，可以按以下方法求出：

- 由 pos 利用式（3.3）求出该请求所在的组号 $p$、组内块号 $q$ 及条带号 $i$；

$$
\begin{cases}
p=\dfrac{r\cdot \mathrm{pos}}{S_{\mathrm{Grp}}\cdot N}\\
q=(r\cdot \mathrm{pos})\mathrm{MOD}Q\\
i=\dfrac{(r\cdot \mathrm{pos})\ \mathrm{MOD}\ (S_{\mathrm{Grp}}\cdot N)}{S_{\mathrm{Grp}}}
\end{cases}
\tag{3.3}
$$

● 根据组号 $p$、组内块号 $q$、条带号 $i$，求出 pos 指向的数据块数据 $D(i,\ p\cdot Q+q)$；

● 已知 $D(i,\ p\cdot Q+q)$，根据式（3.1）得，当 $i+p\cdot Q+q<N-1$ 时，pos 所在磁盘 $j=p\cdot Q+q$；否则 $j=p\cdot Q+q+1$。

对请求队列 rq 中各个 I/O 请求，根据其逻辑地址所在的磁盘，划分为 $N$ 个集合：

$$S_j=\{r\,|\,r\in \mathrm{rq}\wedge f(r\cdot \mathrm{pos})=j\}$$

其中 $0\leqslant j<\mathrm{N}$，称 $S_j$ 为磁盘 $j$ 的请求集合，用 $\mathrm{num}_j$ 表示集合 $S_j$ 中元素的个数。

TPM 算法虽然不适合基本 RAID，但非常适合 S-RAID 5，这是由顺序数据存储系统的负载特性和 S-RAID 5 的数据布局决定的。TPM 算法在 S-RAID 5 中的实现如下：设定磁盘调度的时间阈值 $t_{\mathrm{th}}$，系统当前时间为 $t$，如果请求集合 $S_j$ 中的请求满足式（3.4），则可以调度对应的磁盘 $j$ 到待机状态。

$$t-\max_{k=1}^{\mathrm{num}_j}(r_k\cdot t_{\mathrm{finish}})>t_{\mathrm{th}} \tag{3.4}$$

下次需要访问该磁盘时，再将其调度到运行状态。

### 3.3.3　Cache 管理策略

顺序数据存储系统以顺序数据访问为主，但还包含一些随机访问，如文件系统元数据、RAID 元数据等，随机访问会影响 S-RAID 5 的节能效果。需采取措施过滤对 S-RAID 5 的随机访问。

传统的 Cache 写策略分为写回（Write-back）和写透（Write-through）两种，为了获得更优的节能效果，需要特定的 Cache 策略来过滤随机访问。文献［75］提出的如下两种 Cache 写策略，同样适合 S-RAID 5。

主动写回（Write-back with Eager Updates，WBEU）：当处于停止状态的磁盘因未命中的读操作而转入运行状态时，主动把当前 Cache 中缓冲的对应数据写入该磁盘。

延迟写透（Write-through With Deferred Updates，WTDU）：采用缓存日志来减少磁盘的启动次数，日志设备可以是 NVRAM 或固定磁盘，对于少量的随机写操作，可以暂存到日志设备当中，当目标磁盘转入工作状态后，再把日志设备中缓存的写数据同步到该磁盘中。

这里给出一种基于统计磁盘数据流量（Data Flow Rate，DFR）的 WTDU 实现方案，根据 S-RAID 5 中各个磁盘的请求集合，由式（3.5）求出磁盘 $j$ 的数据流量 $DFR_j$：

$$DFR_j = \frac{\sum_{k=1}^{num_j} r_k \cdot len}{\sum_{j=1}^{N}\sum_{k=1}^{num_j} r_k \cdot len} \tag{3.5}$$

设 $DFR_{th}$ 为延迟写透的流量阈值，对任意磁盘 $j$，如果其流量 $DFR_j < DFR_{th}$，则把该盘的写操作，重定向到当前活动的磁盘上，或把写数据缓存到 NVRAM，减少磁盘因少量随机访问进行状态转换的次数。同时，数据流量也可作为磁盘的调度参数，供调度策略选择。

### 3.3.4 读写操作

S-RAID 5 的读操作与 RAID 5 类似，根据映射 $f$（$r$ • pos）把读请求 $r$ 映射到一个分组，并使组内磁盘并行工作，而不需要条带内所有磁盘并行工作。

S-RAID 5 的写操作一般以“读—改—写”为主，因为通常情况下，S-RAID 5 只有少量磁盘工作。执行写操作时，需要更新对应的校验数据，生成新校验数据需要获得旧数据及旧校验数据，可利用式（3.6）生成新校验数据。

$$P_{sub} = \bigoplus_{k=1}^{m}[D_{sub(k)} \oplus D'_{sub(k)}] \oplus P'_{sub} \tag{3.6}$$

其中，$D_{sub(k)}$，$P_{sub}$ 分别为组内偏移位置为 off 的新数据子块数据、其对应的新校验子块数据；$D'_{sub(k)}$，$P'_{sub}$ 为旧数据子块数据及旧校验子块数据；$m$ 为偏移位置为 off 的写入数据子块个数。可采用合适的预读策略，改善“读—改—写”对 S-RAID 5 写性能的影响，如把用于生成新校验数据的旧数据、旧校验数据预读到缓存中，以减少读取的次数。

## 3.4　综合测试

在 Linux 2.6 内核中 MD（Multiple Device driver）模块的基础上，实现了 S-RAID 5 的数据布局，设计了一个监控进程 Diskpm 对磁盘进行节能调度，采用 TPM 调度算法，$t_{th}=120$ 秒。修改了 MD 中的超级块更新程序，使待机磁盘的超级块更新延迟至该盘的运行状态。

### 3.4.1　实验环境

由于 S-RAID 5 主要面向顺序数据访问，因此，性能和节能测试是基于典型的顺序数据存储系统——视频监控进行的。实验模拟了一个 32 路视频监控系统，采用 D1 视频数据标准（平均码率为 2 Mb/s），需要保存 24 小时/天 × 30 天的视频数据，数据量为 20.74 TB。在存储设备上，每隔指定时间，建立 32 个视频文件，分别保存该时间段内的各路视频数据，视频数据以添加（Append）方式写入视频文件，实验中设定的时间间隔为 10 分钟。当存储空间不够时，删除最早存储的视频数据。

选取了目前几种典型的 RAID 节能方法，与 S-RAID 5 进行比较，包括冗余磁盘、性能和节能效果。典型的 RAID 节能方法包括：文献［2］中的 Hibernator、文献［34］中的 PARAID、文献［39］中的 Write Off-Loading 方法、文献［18］中的 eRAID、文献［40］中的 GRAID。

文献［39］中的 Write Off-Loading 方法，把存储系统划分为若干个 RAID，为了比较，选取以下两种划分方式：① 每个 RAID 包括 1 个数据盘和 1 块校验盘，整个存储系统共分为 12 个 RAID 1，记作 WOL 1；② 每个 RAID 包括 2 个数据盘和 1 块校验盘，整个存储系统共分为 6 个 RAID 5，记作 WOL 5。其他划分方式，随着 RAID 内磁盘的增多，其节能效果均小于以上两种方法，不逐一比较。eRAID 包括 eRAID 1 和 eRAID 5，由于

eRAID 1 的节能效果小于 GRAID，取 GRAID 代替 eRAID 1。

综上，与 S-RAID 5 进行比较的节能 RAID 包括 Hibernator、PARAID、WOL 1、WOL 5、GRAID、eRAID 5。

功耗测量系统如图 3.2 所示，包括 1 台运行 Linux 2.6.26 的存储服务器、磁盘阵列（磁盘数由所测试的具体 RAID 类型决定）、测控计算机、电流表以及电源等部分。存储服务器配置如下：Intel（R）Core（TM）i3－2100 CPU，4 GB 内存，主板型号为 ASUS P8B-C/SAS/4L，通过主板集成的 LSI 2008 SAS 存储控制器，在背板上扩展出 32 个盘位，可连接 32 个 SAS/SATA 磁盘，选用 2 TB 的希捷 ST32000644NS 磁盘组成磁盘阵列。利用电流表测量电流，测控计算机负责设定电流采样频率，并在测量结束后读取测量的电流值，电流表通过 LAN 线与测控计算机相连。

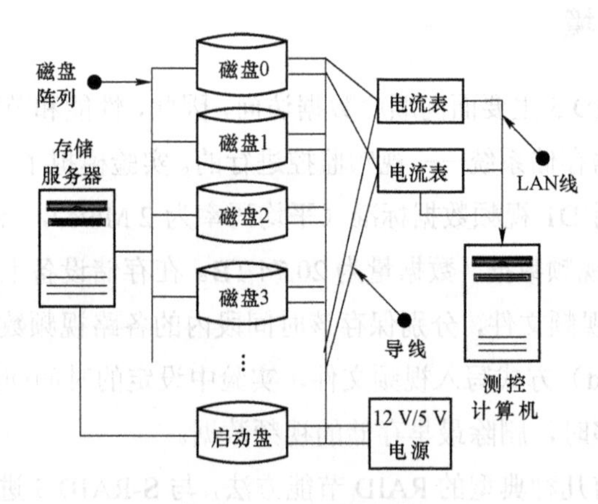


图 3.2　功耗测量系统

磁盘的功率测量见图 3.3，采用 GW PPE-3323 高精度稳压电源，为磁盘提供＋5 V 和＋12 V 电压，利用 Agilent 34410A 数字万用表，分别测量并存储其电流值。测控计算机读取电流值，根据电流、电压求出功率值。

为了比较，分别把磁盘阵列配置成 S-RAID 5、Hibernator、PARAID、WOL 1、WOL 5、GRAID 及 eRAID 5，来保存采集的视频数据，每种配置的测试时间均为 24 小时，电流采样频率为 5，Chunk Size 为 64 KB。

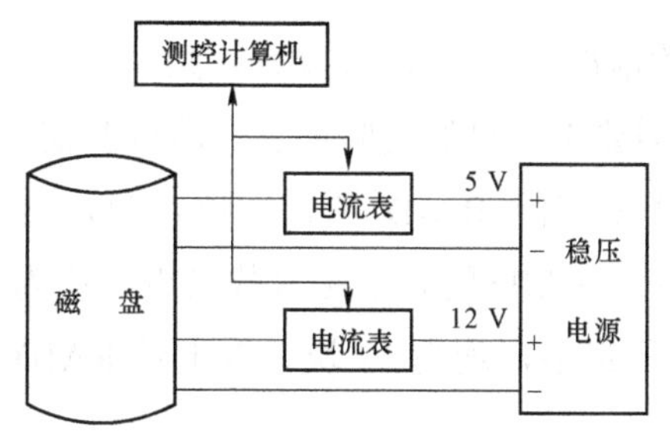


图 3.3　磁盘的功率测量

采用 NILFS（New Implementation of a Log-structured File System）文件系统，NILFS 是一种日志结构文件系统（Log-structured File System），采用顺序写的方式，减少物理磁盘的寻道，非常适合视频监控、CDP 等以顺序写操作为主的应用。为了便于管理，把整个存储空间划分为 31 个逻辑盘，每个逻辑盘上建立 1 个 NILFS 文件系统，保存 1 天的视频监控数据，当第 31 天数据写满后，删除第 1 天的监控数据，依此类推，这样存储空间始终保存 30 天的监控数据。

### 3.4.2　冗余磁盘

由于需要保存的数据量为 20.74 TB，对于容量为 2 TB 的磁盘，需要 11 块，考虑到文件系统对存储空间的额外消耗，取 12 块磁盘保存基本数据。

为了实现单盘数据容错，对于 S-RAID 5，需要 1 块磁盘的空间存储校验信息，所以共需 13 块磁盘。Hibernator 把所有相同转速的磁盘组成 1 个 RAID，由于磁盘有运行和待机两种转速，需要构成 2 个 RAID，分别处于运行和待机状态，数据盘在 2 个 RAID 之间动态迁移，所以需要 2 个磁盘的校验信息，共需 14 块磁盘。

在 PARAID 中，跨越磁盘数最少的逻辑 RAID 的节能效果最好，由于每级逻辑 RAID 都需要保存 1 份完整的存储数据，因此在最节能逻辑 RAID 中，需要保存 12 块磁盘的数据量，加上 1 块磁盘的校验信息，共需 13 块磁盘。

对于 WOL 1，每 1 个数据盘需要 1 块校验盘，共需 24 块磁盘。而 WOL 5，每 2 块盘的数据量，需要 1 块盘的校验信息，共需 18 块磁盘。GRAID 是镜像RAID，12块数据盘需要12块校验盘，共需24块磁盘。eRAID 5中，12块盘的数据量，需要1块盘的校验信息，所以共需13块磁盘。

配置以上不同类型节能RAID所需的磁盘数，如表3.4所示，其中S-RAID 5、PARAID、eRAID的冗余磁盘数最少，均为1块，而GRAID、WOL 1的冗余磁盘数最多，均为12块。以上各RAID均能够实现1块磁盘的容错。

**表3.4 配置成不同阵列需要的磁盘数**

| 阵列类型 | 组成盘数 | 冗余磁盘数 |
| --- | --- | --- |
| S-RAID 5 | 13 | 1 |
| Hibernator | 14 | 2 |
| PARAID | 13 | 1 |
| WOL 1 | 24 | 12 |
| WOL 5 | 18 | 6 |
| GRAID | 24 | 12 |
| eRAID 5 | 13 | 1 |

对于海量数据存储，尽管目前磁盘的价格已经很低，但冗余磁盘的购置费用仍不可忽视，尤其是基于镜像的磁盘阵列，如GRAID、WOL 1的冗余磁盘比S-RAID 5多11块，若2 TB的希捷ST32000644NS企业级磁盘，每块按1 500元计算，多出约为16 500元。

### 3.4.3 $P=12$、$Q=1$分组方式

（1）性能测试

采取D1视频数据标准时，平均码率为2 Mb/s，32路视频数据所需的写带宽仅为2 Mb/s×32/8＝8 MB/s。对于以写操作为主的视频监控，通常情况下，进行视频回放的频率是非常低的（一般在视频取证时回放），即使考虑视频回放，带宽的增加也是有限的。

首先尝试采用$P=12$、$Q=1$分组方式（磁盘阵列分成12组，每组1个磁盘并行）来满足以上的性能需求。如果性能不够，可采用其他分组方

式，3.4.4 节将对不同分组方式的性能、节能进行测试。采用 $P=12$、$Q=1$ 分组方式时，S-RAID 5 的数据布局如图 3.4 所示，其中第 0 组包括数据块 $D$(0，0)，$D$(1，0)，…，$D$(11，0)，$D$(12，0)，第 1 组包括数据块 $D$(0，1)，$D$(1，1)，…，$D$(10，1)，$D$(11，1)，$D$(12，0)，依此类推。在该视频监控中，一般只需 1 组或几组数据所在磁盘工作，其他组磁盘基本没有读写请求，可调度到待机状态，以节省大量能耗。

首先利用测试工具进行性能测试，选取 Iozone 测量 NILFS 文件系统下 S-RAID 5 的写性能，采用缓存 I/O（Fsync）方式，测试结果如图 3.5（a）所示，其中随机写操作的数据传输率最小约为 27 MB/s，顺序写操作的最小值约为 30 MB/s。可得无论随机还是顺序写性能，均远大于 8 MB/s 的写性能需求。随机写与顺序写性能接近，是由于 NILFS 文件系统把随机写通过地址变换转化成了顺序写。

| 第 0 组 | 第 1 组 | … | … | 第 10 组 | 第 11 组 | |
|---|---|---|---|---|---|---|
| $D$(0，0) | $D$(0，1) | … | … | $D$(0，10) | $D$(0，11) | $P$(0) |
| $D$(1，0) | $D$(1，1) | … | … | $D$(1，10) | $P$(1) | $D$(1，11) |
| $D$(2，0) | $D$(2，1) | … | … | $P$(2) | $D$(2，10) | $D$(2，11) |
| … | … | … | … | … | … | … |
| $D$(10，0) | $D$(10，1) | $P$(10) | … | … | $D$(10，10) | $D$(10，11) |
| $D$(11，0) | $P$(11) | $D$(11，1) | … | … | $D$(11，10) | $D$(11，11) |
| $P$(12) | $D$(12，0) | $D$(12，1) | … | … | $D$(12，10) | $D$(12，11) |
| Disk 0 | Disk1 | … | … | Disk 10 | Disk 11 | Disk 12 |

图 3.4　13 磁盘、12 分组的 S-RAID 5 数据布局

地址变换给 NILFS 文件系统下的读性能测试带来不便，因为对 NILFS 文件系统的顺序读，可转换为对磁盘的随机读；对文件系统的随机读，也可能转换为对磁盘的顺序读。读性能主要由磁盘上数据块的地址映射情况决定，没有已经存在的写数据，难以准确测试读性能。

为此选用块级测试工具 Iometer 测试读性能，测试结果如图 3.5（b）所示：顺序读操作的数据传输率高达 100 MB/s；对于随机读操作，当平均请求长度大于 256 KB，数据传输率大于 18 MB/s。NILFS 文件系统的地址

变换，对读性能的影响可忽略。实际上，在顺序数据存储中，读性能一般会很高，因为读操作大多重复以前的写操作，表现为对磁盘的顺序读。如视频监控中，回放以前记录的视频时，即重复以前的写操作；利用 CDP 进行数据恢复时，读操作也在重复以前的写操作；其他如备份、归档等，情况与视频监控、CDP 类似。

为了进一步验证该分组方式能否满足性能需求，进行了实际数据读写测试。向 S-RAID 5 写入视频数据，然后检验写入数据的正确性，同时进行视频回放。测试表明，该 S-RAID 5 能够正确写入 32 路 D1 标准的视频数据，以及正确回放记录的数据，为了避免直接从内存缓冲区读取回放数据，回放的是 1 小时以前的监控数据。

综上，$P=12$、$Q=1$ 分组方式的 S-RAID 5 能够满足该视频监控系统的性能要求，进一步测试表明 Hibernator、PARAID、WOL 1、WOL 5、GRAID 以及 eRAID 5 等，均能满足该视频监控系统的性能要求，其中 Hibernator、WOL 1 的性能与 S-RAID 5 接近，而 PARAID、GRAID、eRAID 5 的性能则远优于 S-RAID 5。由于该视频监控系统对存储性能要求不高，PARAID、GRAID、eRAID 5 的高性能基本被浪费掉，同时带来了高能耗。

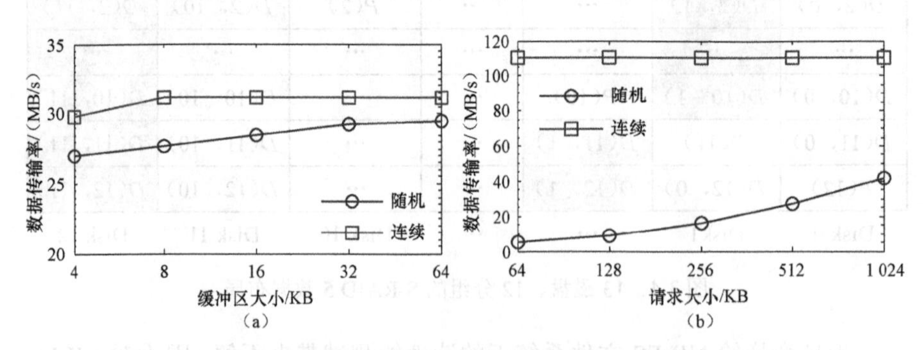


图 3.5 $P=12$、$Q=1$ 分组时 S-RAID 5 的性能

（a）写性能；（b）读性能

（2）能耗测试

对于 S-RAID 5、Hibernator、PARAID、WOL 1、WOL 5、GRAID 以及 eRAID 5，测得的 24 小时功耗如图 3.6 所示，其中 S-RAID 5 的节能效果最好，24 小时功耗仅为 0.499 9 kWh，约为 WOL 1 功耗的 79%，WOL 5 功耗的 68%，Hibernator 功耗的 59%，eRAID 5 功耗的 23%，

PARAID、GRAID 功耗的 21%左右。其中 PARAID、GRAID 的功耗最高，约为 2.34 kWh。

为了进一步验证 S-RAID 5 适用于视频监控等顺序数据存储系统，表 3.5 给出了 S-RAID 5 与 Hibernator、PARAID、WOL 1、WOL 5、GRAID、eRAID 5 相比较，能够节省的磁盘购置费用、运行 1 年节约的电量（根据 24 小时功耗测量结果计算），容量为 2 TB 的希捷 ST32000644NS 企业级磁盘，每块按 1 500 元计算。

由表 3.5 得，PARAID、GRAID、eRAID 5 的能耗最高，与 S-RAID 5 相比，每年多消耗 600 kWh 以上的电量。WOL 1 与 WOL 5 的功耗略高于 S-RAID 5，但其冗余磁盘的购置费用远大于 S-RAID 5，分别超出 16 500 元和 7 500 元。Hibernator 的能耗与冗余磁盘趋中，但仍高于 S-RAID 5。综上，S-RAID 5 与这几种典型节能磁盘阵列相比，在满足性能需求、单盘容错的前提下，其功耗最低，冗余磁盘最少。

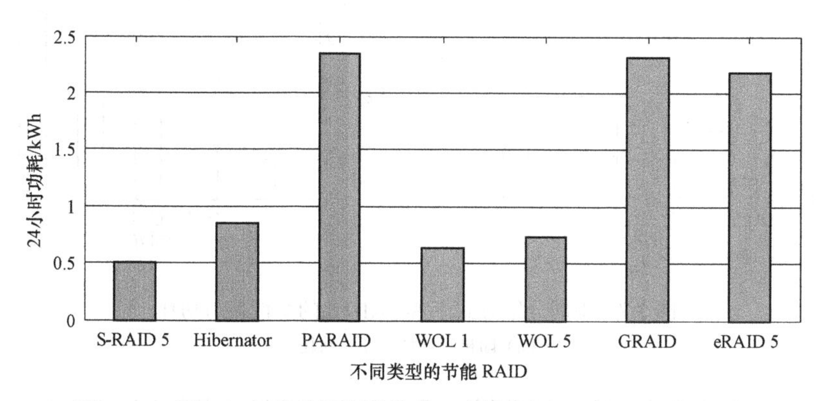


图 3.6　32 路 D1 标准的视频监控中，各节能 RAID 的 24 小时功耗

**表 3.5　各节能 RAID 相对 S-RAID 5 的额外消耗（值越小越好）**

| 阵列类型 | S-RAID 5 | Hibernator | PARAID | WOL 1 | WOL 5 | GRAID | eRAID 5 |
| --- | --- | --- | --- | --- | --- | --- | --- |
| 额外磁盘购置费用/元 | 0 | 1 500 | 0 | 16 500 | 7 500 | 16 500 | 0 |
| 年额外耗电量/kWh | 0 | 126 | 671 | 51 | 84 | 661 | 610 |

### 3.4.4 其他分组方式

S-RAID 5 能够根据存储系统的总体性能需求，采用不同的分组方式，改变组内并行磁盘的数量，以提供合适的性能。下面将分别测试 S-RAID 5 在不同分组方式下的性能和能耗。

首先选取 Iozone 测试 NILFS 文件系统下不同分组方式的写性能，分组方式包括 $P=12$、$Q=1$ 时，磁盘阵列分成 12 组，每组 1 个磁盘并行；$P=6$、$Q=2$ 时，磁盘阵列分成 6 组，每组 2 个磁盘并行；$P=3$、$Q=4$ 时，磁盘阵列分成 3 组，每组 4 个磁盘并行；$P=1$、$Q=12$，磁盘阵列分成 1 组，每组 12 个磁盘并行，测试结果如图 3.7（a）所示，其中缓冲区大小为 16 KB。由图 3.7（a）得，随着组内并行磁盘的增加，S-RAID 5 的写性能显著提高，如 $Q=2$ 时写性能达到 54.94 MB/s，而 $Q=4$ 时的写性能已经超过 100 MB/s，能够满足一般顺序数据存储系统的性能需求。

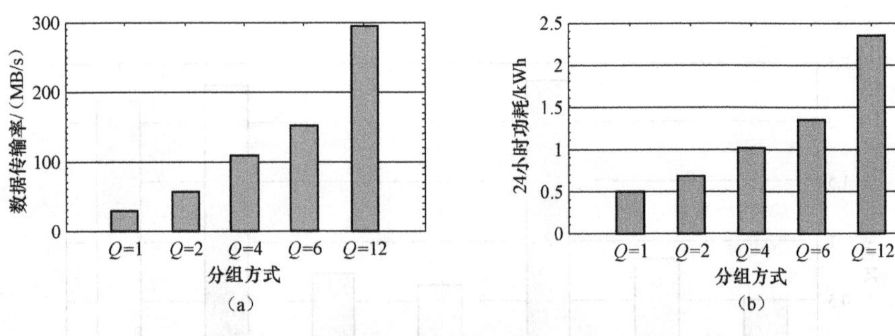


图 3.7　不同分组方式下 S-RAID 5 的写性能与功耗

（a）随机写性能；（b）功耗

NILFS 文件系统下不同分组方式的读性能主要由磁盘上数据块的地址映射情况决定，没有已经存在的写数据，难以准确测试读性能。一般情况下读性能较高，因为顺序数据存储系统的读操作主要回放写操作，而写操作是顺序的（地址变换后）。同时由于读操作不需要额外的 I/O（写操作中的读改写、重构写需要额外的 I/O），读性能一般要高于写性能。

不同分组方式下 S-RAID 5 的 24 小时功耗如图 3.7（b）所示，随着组内并行工作磁盘数的增加，S-RAID 5 的功耗也随之增加，当 $Q=12$（全局并行）时，性能最高，功耗也最大，其性能、功耗与 PARAID、eRAID 5

相当，此时失去节能效果。然而，对于一般的顺序数据存储系统，局部并行已经能够提供足够的性能，如 $Q=2$ 时的随机写性能为 54.94 MB/s，如图 3.7（a）所示，而 24 小时功耗约为 0.667 kWh，如图 3.7（b）所示，其功耗仅仅略高于 WOL 1，如图 3.6 所示，却比 WOL 1 节省 11 块 2 TB 的冗余磁盘，如表 3.4 所示。

### 3.4.5　不同文件系统的数据特征

NILFS 文件系统非常适合 S-RAID 5，因为它可以将随机写转为顺序写。对于其他文件系统，由于数据管理方式各不相同，将对 S-RAID 5 的性能、节能效果产生重要影响。本节将研究 Linux 下的 EXT3、Windows 下的 NTFS 文件系统是否适合 S-RAID 5。

判断文件系统是否适合 S-RAID 5，需要获取该文件系统在典型顺序数据访问中的数据特征，设计如下实验：分别在 EXT3、NTFS 文件系统下，采用块级 I/O 跟踪工具 Blktrace，追踪该 32 路视频监控系统（详见 3.4.1 节）的所有 I/O 请求，然后通过 Blkparse 分析追踪到的 I/O 请求，进而获得该文件系统下的数据特征，实验中的存储空间大小为 160 GB，追踪时间为 5 小时（从文件系统创建到存储空间写满，每小时数据量约为 30 GB）。

由以上实验获得的 EXT3 文件系统的数据特征如图 3.8 所示，在每小时内，I/O 请求顺序分布在 6 个分散的存储区，这是由于该视频监控每 10 分钟创建一组视频文件，而 EXT3 为了存储均衡，选择不同的块组创建新文件。另外，逻辑块地址（Logical Block Address，LBA）$1.5\times10^8$ 附近的

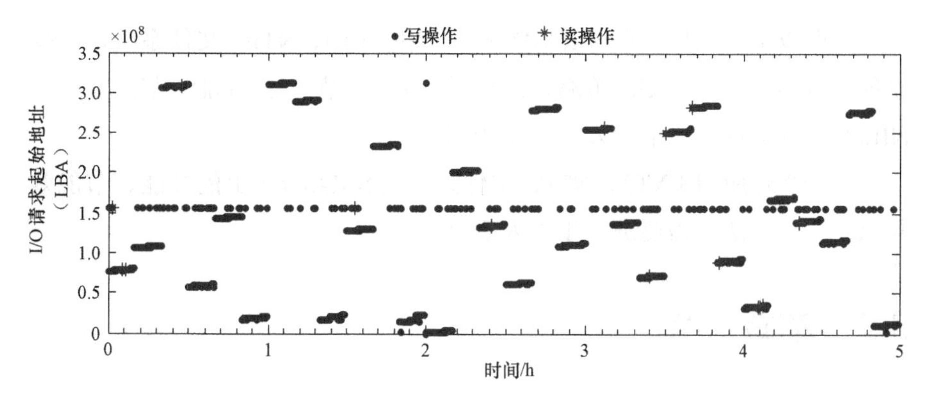


图 3.8　EXT3 文件系统的数据特征

存储区被重复访问。NTFS 文件系统的数据特征如图 3.9 所示，除部分存储区被重复访问外，其余为理想的顺序数据访问。

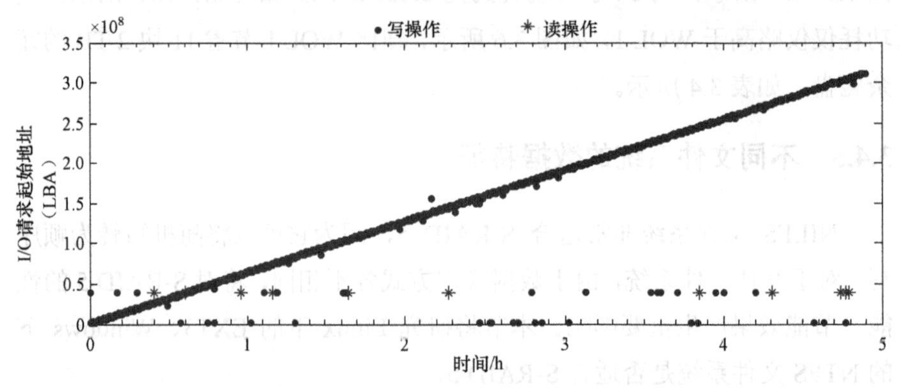


图 3.9　NTFS 文件系统的数据特征

然而当存储空间写满后，删除旧数据，再次写入新数据等操作，一般会破坏以上理想的数据特征。因此，应用 EXT3、NTFS 文件系统时，应采取如下措施：把 S-RAID 5 的存储空间划分为若干个逻辑分区，并分别创建文件系统；数据依次写入每个分区；全部写满后，在第一个分区上重新创建文件系统，依次类推。进行逻辑分区时，应以其校验数据跨越的磁盘数最少为准则（否则可能频繁访问校验数据所在的多个磁盘，如 EXT3 文件系统）。以图 3.4 为例，把 $D(0, 0)$（约为 2 000 GB/13≈153 GB）作为逻辑分区 0，并创建文件系统；$D(1, 0)$ 作为逻辑分区 1，并创建文件系统，依此类推。

采取以上措施后，在 S-RAID 5 上应用 EXT3、NTFS 文件系统，当少量的重复写数据被 Cache 策略过滤掉后（见 3.3 节），其性能、节能效果与 NILFS 文件的性能、节能效果基本相同。

对于直接应用 EXT3、NTFS 文件系统到 S-RAID 5 上的性能、节能效果以及优化方法，需要进一步深入研究。

## 3.5　本章小结

针对顺序数据存储系统，如视频监控、CDP、VTL 等的数据特征和存储特性，提出了适于该类存储系统的节能磁盘阵列 S-RAID 5，包括阵列的底层数据布局，磁盘节能调度算法和 Cache 管理策略等内容。

通过 32 路 D1 标准的视频监控模拟实验，对 S-RAID 5 与 Hibernator、PARAID、WOL 1、WOL 5、GRAID、eRAID 5 等典型节能磁盘阵列进行了比较，24 小时功耗测量实验表明：在满足性能需求、单盘容错的前提下，S-RAID 5 的功耗最低，冗余磁盘最少，非常适合应用在视频监控、CDP、VTL 等存储系统中。

S-RAID 5 的性能提升，可从以下两方面来实现：

① 调整分组来提高性能，S-RAID 5 的性能随组内并行磁盘数的增加而显著提高，当然能耗也会相应增加，需要根据性能、能耗做出均衡选择。

② 应用 Write Offloading 方法提高性能。当读、写同一组磁盘时，会对 S-RAID 5 的性能产生较大影响。可监测磁盘的 I/O 请求，当对磁盘同时进行大量读写操作时，则把写操作暂时重定向到其他存储设备上，如 SSD 等，并在磁盘空闲时迁回该写数据。

Write Off-Loading 方法可有效解决 S-RAID 5 中，同时读写一组磁盘的性能瓶颈问题。关于 Write Off-Loading 方法在 S-RAID 5 中的具体实现及测试，将在下一阶段工作中进行。

# 第4章 连续数据存储中的动态节能数据布局

## 4.1 引 言

视频监控、连续数据保护、虚拟磁带库、备份、归档等在日常生活中应用广泛。例如视频监控，由于在取证与识别方面具有不可替代的作用，已成为现代社会中无处不在的安防设施之一。全球每天产生5万亿字节的数据，其中80%约为视频数据。存储设备的急剧增加，使存储设备的能耗问题日益突出，因此对该类存储系统进行节能方面的研究具有重要的意义。该类存储应用需要海量存储空间，主要以顺序访问为主，对随机性能要求不高，称该类存储系统为连续数据存储系统。

通过研究视频监控等连续数据存储应用的负载特性和访问模式，文献[20]、[78]发现该类存储系统通常存在严重的性能过剩问题，并提出一种节能磁盘阵列S-RAID，在满足性能需求的前提下，采用局部并行数据布局来实现存储节能。

S-RAID的节能策略如下：

① 把阵列中的存储区分成若干组，组内并行以提供合适的性能，分组便于调度部分磁盘运行而其余磁盘待机；

② 采用贪婪编址法，保证I/O访问在较长时间内分布在少量确定的磁盘上，其余磁盘可长时间待机节能。

对于典型的连续数据存储应用，S-RAID可获得显著的节能效果，然而S-RAID的局部并行数据布局是静态的，适合较平稳工作负载，对较强波动负载或突发负载的适应能力较差，导致其节能效率不高，其原因在于：对于高强度的波动负载或突发负载，S-RAID需要设定较高的局部并行度（启动较多磁盘运行），以满足峰值负载的性能需求；而在基本负载期间，由于其数据布局是静态的，依然会提供较高的局部并行度，此时会出现严重的性能过剩，额外消耗较多能量。

采用缓存或数据重定向技术，可提高 S-RAID 适应上述复杂负载的能力，但需要较多辅助存储设备，会极大提高系统总成本，不宜大规模部署。为此，本章提出一种面向连续数据存储的动态节能数据布局 DEEDL，在继承局部并行节能性的同时，根据负载的性能需求，为其动态分配具有合适并行度的存储空间。负载最小时仅使用 1 个或几个数据盘并行，而负载最大时可使用所有数据盘并行，具有更高的可用性，非常适于连续数据存储应用。

16 路高清视频监控（具有较强波动负载）模拟实验表明，在满足性能需求及单盘容错的条件下，DEEDL 的节能效果最好，24 小时功耗为 S-RAID 功耗的 83%，PARAID 功耗的 29%，eRAID5 功耗的 31%。

## 4.2　相关研究

### 4.2.1　研究现状

存储系统节能是存储领域内的热点问题，高效低功耗的绿色数据存储，是云计算、大数据等新兴技术面临和需要解决的重要问题和难题。目前，已有的针对存储系统的节能研究取得了众多成果。

基于动态多转速磁盘模型，DRPM 算法根据平均响应时间、请求队列长度动态调整磁盘转速实现节能。LD 算法则根据工作负载调整磁盘转速：当工作负载小于磁盘低速吞吐量的 80%时，转入低速模式；当工作负载大于磁盘低速吞吐量的 80%时，转入高速模式。

Zhu 等提出的 Hibernator 由多个不同转速的 RAID 构成，磁盘可在不同 RAID 之间动态迁移。在最小能耗和满足性能需求的约束下，利用线性规划方法，优化配置每个 RAID 中的磁盘数量及转速。然而多转速磁盘仍处在研究阶段，大规模应用前景并不明朗。

PARAID 在磁盘阵列中划分出若干个跨越不同磁盘数的逻辑阵列，并把存储空间分别映射到各逻辑阵列上，然后根据负载的性能需求，调度性能合适的逻辑阵列工作。PDC 方法根据数据的访问频率，周期地进行数据迁移，并把“冷”数据集中到待机磁盘上。MAID 采用两级存储架构，前端少量硬盘始终运行，作为 Cache 盘保存“热”数据，以减少对后端阵列的访问，后端阵列可长时间处于待机状态以达到节能目的。eRAID 利用 RAID 的冗余特性重定向 I/O 请求，通过待机部分或整个冗余组磁盘来降低能耗，并将系统的性能降低控制在可接受范围内。

Write Off-Loading 方法将写向待机磁盘的数据重定向到活动 RAID 上，以延长磁盘的待机时间。Pergamum 针对归档系统，在每个节点添加少量 NVRAM 来存储数据签名、元数据等较小规模的数据项，从而使延迟写、元数据请求以及磁盘间的数据验证等操作，均可在磁盘待机状态下进行。毛波提出的 GRAID 为 RAID 10 增加了一个日志盘，周期更新镜像盘上的数据，将两次更新之间的写数据存放在日志盘和主磁盘上，从而可在镜像盘不更新期间关闭所有镜像盘以实现节能。谢晓玲等提出一种访问模式自匹配和性能保证的磁盘电源管理策略，用基于生命周期管理的 LRU 队列来识别和消除缓存磁盘的瓶颈效应。

固态盘 SSD 已广泛应用，它没有机械装置，访问延迟小，擅长处理随机负载。由于集成度和单位价格的限制，SSD 更多作为一种辅助存储设备与磁盘共存，如 Guerra 等在基于 SSD、SAS、SATA 的多层存储结构中，执行动态数据迁移来降低存储能耗，可提供与 SAS 系统接近或更高的性能。杨良怀等针对 SSD、磁盘的混合存储进行节能研究，提出了一种考虑硬盘寿命的自适应磁盘电源管理机制。目前，虽然 SSD 具备众多优点，但对于视频监控等海量数据存储应用，仍以磁盘存储为主。

综上，已有节能研究主要面向以随机访问为主的数据中心，如联机事务处理、数据库、搜索引擎等，没有充分利用连续数据存储中特有的负载特性和访问模式，因此在该类存储应用中节能效果有限。连续数据存储系统存在着足够的节能优化空间，需要开展细粒度、针对性的节能研究。

视频监控等连续数据存储应用，具有如下存储特性：

① 以顺序数据访问为主，对随机性能要求不高；

② 对数据的可靠性、存储空间要求较高；

③ 以写操作为主，读操作通常回放写操作；

④ 数据访问频率基本服从均匀分布，数据没有明显的“冷”“热”区分。

针对上述存储特性，本著作第 3 章提出了节能磁盘阵列 S-RAID 5，采用局部并行数据布局，通过提供合适的并行性实现存储节能。文献［83］在文件系统下对 S-RAID 进行了性能与节能优化。文献［79］针对归档应用，对 S-RAID 中存在的“小写”问题进行了性能优化。S-RAID 的节能效果显著，非常适于连续数据存储应用，在 32 路 D1 标准的视频监控模拟实验中，在满足性能需求、单盘容错的条件下，S-RAID 的冗余磁盘最少，功耗最低，其功耗约为节能磁盘阵列 Hibernator 的 59%，eRAID 功耗的 23%，PARAID、GRAID 功耗的 21%。

### 4.2.2　S-RAID 存在的问题

S-RAID 的数据布局是静态的，仅能提供恒定的局部并行度，适合比较平稳的工作负载，不能根据波动负载、突发负载的性能需求动态调整。对于上述复杂负载，S-RAID 需要根据峰值负载的性能需求确定局部并行度，然而该并行度对于基本负载显然是过剩的。这种性能过剩会导致额外能耗，并且随着波动、突发负载强度的增大而显著增加。

在实际应用中，很多连续数据存储应用都存在较强的波动负载或突发负载。以视频监控为例，当系统中各摄像机的工作时间、分辨率（D1 和高清，对应的传输码率分别为 2 Mb/s、2 MB/s）不同时，就会产生较高强度的波动负载。例如某监控系统包含 16 台高清摄像机，根据监控点的不同需求，8 台摄像机白天工作 12 h，另 8 台摄像机全天工作 24 h，此时白天、夜间的基本存储带宽需求分别为 32 MB/s（16×2 MB/s）和 16 MB/s（8×2 MB/s），波峰存储带宽是波谷存储带宽的 2 倍。另外在 CDP 应用中，前端被保护系统不同时段内写数据量的显著不同（例如银行、电商、票务等系统在 8:00—22:00 点间的交易记录通常显著高于其他时段），也会导致后端的 CDP 系统中出现较强的波动负载。

可以通过增加辅助存储设备，如日志盘、SSD 等作为缓存，提高 S-RAID 适应波动负载、突发负载的能力，但对于较强的上述负载，该措施并不可行。例如上述视频监控，负载不仅波动幅度大，而且波动周期足够长（12

小时），需要大容量缓存设备。采用磁盘缓存不仅增加硬件成本，还会引入额外功耗；采用 SSD 缓存虽然功耗低，但大量使用会显著增加成本。另外，深度数据缓存会极大增加数据丢失的概率，缓存设备通常没有容错机制，而为缓存设备增加容错机制，又将进一步增加硬件成本和功耗。

为此，本文提出一种面向连续数据存储的动态节能数据布局（Dynamic Energy-Efficient Data Layout，DEEDL）。DEEDL 继承了局部并行节能策略，在此基础上采用地址映射机制，为上层应用动态分配满足性能需求的、局部并行的存储空间。DEEDL 既可保证多数磁盘长时间待机节能，又能提供合适的局部并行度，因此具有更高的可用性以及更高的节能效率。

# 4.3 DEEDL 的实现

适于连续数据存储应用的动态节能数据布局 DEEDL，应同时具备如下条件：

① 具有局部并行性，以便于实现存储节能；

② 负载分布应保证磁盘运行时间足够长，磁盘状态转换频率足够低；

③ 局部并行度可以根据负载的性能需求动态调整；

④ 当存储空间写满后，按时间顺序删除旧数据、写入新数据时，不应与条件③相冲突。

关于条件④说明如下：对于连续数据存储系统，当存储空间写满时，一般按时间删除最早的数据，然后写入新数据，简称顺序删除特性。视频监控、CDP 等存储应用都具有该特性。顺序删除特性一般会与条件③相冲突。例如删除数据（最早存储的数据）所在存储空间具有 2 磁盘并行度，而当前负载需要 5 磁盘并行，需要增加 3 块磁盘并行，但候选磁盘（可局部并行）上的数据可能不应该被删除，而是近期甚至刚刚存储的新数据。换另一角度看，最早存储的数据都位于当前局部并行的 2 块磁盘上，无法在满足顺序删除特性的条件下，增加 3 块磁盘并行。

DEEDL 的实现主要包括基本数据布局、存储空间动态映射、访问冲突避让、负载性能感知、性能与节能优化五方面内容。通过有机结合这五方面内容，可以很好满足以上 4 个必备条件。

### 4.3.1　基本数据布局

设磁盘阵列由 $N$ 块磁盘组成，把每块磁盘平均分成 $N$ 个存储区（严格定义应为 $kN+l$ 个存储区，$k$ 为大于 0 的整数，通常取 1。$l$ 为小于 $N$ 的正整数通常取 0，这里以 $k=1$，$l=0$ 为例进行说明）。各盘中相同偏移量的存储区组成一个 Bank，共组成 $N$ 个 Bank。每个 Bank 包含 1 个校验存储区，$N-1$ 个数据存储区。Bank $i$ 中校验存储区记为 $P(i)$，位于磁盘 $N-1-i$，第 $j$ 个数据存储区记为 $D(i,j)$，其中 $0\leqslant i<N$，$0\leqslant j<N-1$。5 盘 RAID 中 DEEDL 的总体结构示例如图 4.1 所示。

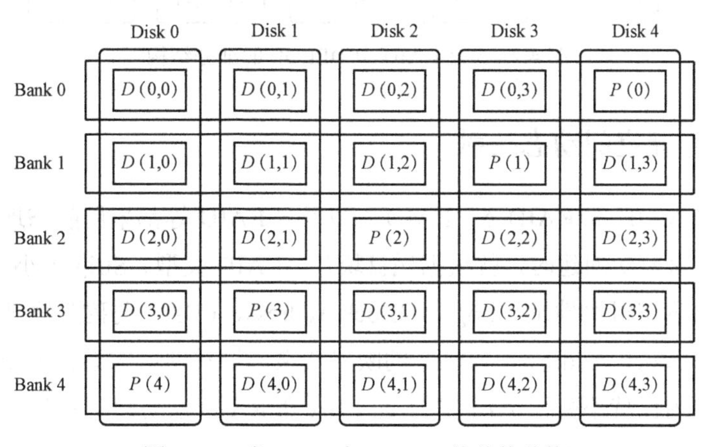


图 4.1　5 盘 RAID 中 DEEDL 的总体结构

对存储区继续进行细分，把每个存储区划分为 $M$ 个大小相等的条带块 Strip（也称 Chunk，由一些地址连续的扇区组成），校验存储区中的 Strip 称为 PStrip。每个 Bank 中相同偏移量的 Strip 组成一个条带 Stripe，Stripe($v$) 中的 PStrip($v$)由本条带内的 $N-1$ 个 Strip($v$)异或运算生成，见式（4.1），其中 $0\leqslant v<N-1$。

$$\mathrm{PStrip}(v)=\overbrace{\mathrm{Strip}(v)\oplus\cdots\oplus\mathrm{Strip}(v)}^{N-1} \tag{4.1}$$

这里的 Strip、Stripe 和 RAID 5 中的 Strip、Stripe 的含义相同，但在 Strip 间的地址分配上显著不同。图 4.2 为上述 5 磁盘 RAID 中 DEEDL 的细分结构。

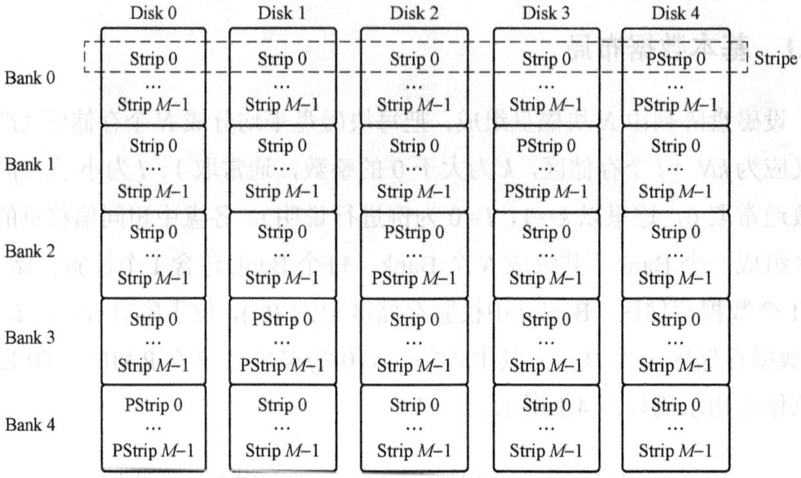

| | Disk 0 | Disk 1 | Disk 2 | Disk 3 | Disk 4 |
|---|---|---|---|---|---|
| Bank 0 | Strip 0<br>…<br>Strip $M$−1 | Strip 0<br>…<br>Strip $M$−1 | Strip 0<br>…<br>Strip $M$−1 | Strip 0<br>…<br>Strip $M$−1 | PStrip 0<br>…<br>PStrip $M$−1 |
| Bank 1 | Strip 0<br>…<br>Strip $M$−1 | Strip 0<br>…<br>Strip $M$−1 | Strip 0<br>…<br>Strip $M$−1 | PStrip 0<br>…<br>PStrip $M$−1 | Strip 0<br>…<br>Strip $M$−1 |
| Bank 2 | Strip 0<br>…<br>Strip $M$−1 | Strip 0<br>…<br>Strip $M$−1 | PStrip 0<br>…<br>PStrip $M$−1 | Strip 0<br>…<br>Strip $M$−1 | Strip 0<br>…<br>Strip $M$−1 |
| Bank 3 | Strip 0<br>…<br>Strip $M$−1 | PStrip 0<br>…<br>PStrip $M$−1 | Strip 0<br>…<br>Strip $M$−1 | Strip 0<br>…<br>Strip $M$−1 | Strip 0<br>…<br>Strip $M$−1 |
| Bank 4 | PStrip 0<br>…<br>PStrip $M$−1 | Strip 0<br>…<br>Strip $M$−1 | Strip 0<br>…<br>Strip $M$−1 | Strip 0<br>…<br>Strip $M$−1 | Strip 0<br>…<br>Strip $M$−1 |

Stripe

图 4.2　5 盘 RAID 中 DEEDL 的细分结构

### 4.3.2　存储空间动态映射

传统 RAID 如 RAID 5、RAID 6 以及 S-RAID 等都采用静态地址映射机制，在 RAID 创建时，就根据磁盘块数、RAID 类型、Strip 大小等参数，建立了磁盘逻辑块地址（Logical Block Address，LBA）与磁盘物理块地址（Physical Block Address，PBA）的映射关系。这种映射关系在 RAID 整个生命周期内保持不变，I/O 请求中的 LBA 在 RAID 层可以通过确定公式转换为对应磁盘上的 PBA。

对于局部并行数据布局，若采用静态地址映射方式，为满足性能要求，必须根据稳定的最大负载的性能需求设定局部并行度，将较多磁盘调度到运行状态。静态地址映射适合单一平稳的工作负载，对于较强的波动、突发负载不能获得更优节能效果。为了将较长时间内的写操作集中在部分活动磁盘上，并且能够适应大小不同的负载，提出一种存储空间动态映射算法，采用动态映射机制对 RAID 存储空间进行分配管理。写负载最小时仅使用 1 个数据盘，最大时可使用所有数据盘并行，上层应用的写数据可以分布到不同数量的磁盘上，以满足动态变化的负载需求。

存储空间动态映射算法的具体流程见算法 1，根据负载性能参数 $k$（需要并行的磁盘数，具体设定见 4.3.4 节）分配具有 $k$ 个 Strip 并行的存储空间。首先执行 GetMaxStripe()，在当前 Bank 中（CurBank）选择自由 Strip 最多的 Stripe 作为当前 Stripe（CurStripe）（第 1 行）。如果 CurStripe 中自由 Strip 数（CurStripe.len）为 0 则表明 CurStripe 无自由 Strip 可映射（第 2 行），等价于 CurBank 无自由 Strip 可映射，需要进一步判断相邻 Bank（NextBank）是否有自由 Strip 可映射，没有就进行存储空间回收（3～5 行），然后将 NextBank 作为 CurBank 并重新获取 CurStripe，而 NextBank 顺序后移（6～8 行）。

当 CurStripe 中自由 Strip 数不为 0 时，若其自由 Strip 并行能够满足性能需求，则执行 GetStrip()按编号顺序取出 $k$ 个 Strip（9～10 行）；否则先取出 CurStripe 中的所有自由 Strip（第 12 行），再从 NextStripe 取出余下所需的自由 Strip，一起组成 $k$ 个自由 Strip（17～18 行），其间如果 NextStripe 没有足够的自由 Strip，就进行存储空间回收，并重新获取 NextStripe（14～16 行）。GetStrip()从 Stripe 中获取指定数量的自由 Strip 后，会相应修改其中的自由 Strip 数。

**算法 1.** DynmAddrMapping($k$).

```
/*   k:负载需要并行的 Strip 数,也是并行磁盘数.
     CurBank:当前进行映射的 Bank,全局变量,初始值为 Bank 0.
     NextBank:与 CurBank 编号相邻的 Bank,初始值为 CurBank.next.所
              有 Bank 组成一个循环链表.
    CurStripe:CurBank 中可映射的 Stripe.
    NextStripe:NextBank 中可映射的 Stripe.
*/
1. CurStripe = GetMaxStripe(CurBank);
2. if(CurStripe.len==0)                //CurBank 无 Strip 可映射
3.     NextStripe=GetMaxStripe(NextBank);
4. if(NextStripe.len==0)
5.     CollectStripe(NextBank);        //回收存储空间
6. CurBank=NextBank;
```

```
7. NextBank=NextBank.next;
8. CurStripe=GetMaxStripe(CurBank);
9. if(CurStripe.len>=k)          //CurStripe内Strip够映射
10.    p=GetStrip(CurStripe,k);
11. else          //Strip不够映射
12.    p1=GetStrip(CurStripe,CurStripe.len)
13. NextStripe=GetMaxStripe(NextBank);
14. if(NextStripe.len<k  CurStripe.len)
15.    CollectStripe(NextBank);
16. NextStripe=GetMaxStripe(NextBank);
17. p2=GetStrip(NextStripe,k  CurStripe.len);
18. p=Concat(p1,p2);                    //连接成k个Strip
19. AddMap(p);
20. Return k;
```

获得 $k$ 个自由 Strip 后，AddMap()实现逻辑地址到物理地址的映射（第 19 行）。采用地址映射表记录映射关系，需要合理选择映射粒度，映射粒度较小时调整灵活，但占用存储空间多。这里以 Strip 为单位进行映射，根据获得的 Strip 所在的 Bank、Stripe 以及在 Stripe 内的编号，确定该 Strip 所在磁盘及盘内偏移量，并将其记录到映射表中指定的表项中。读操作时根据映射表获得数据在磁盘上的位置。映射表作为元数据的重要组成部分，保存在每个活动磁盘的尾部，内带一个版本字段，使存储服务器在断电恢复时能装入最新的版本。

下面通过一个示例，说明算法 1 的基本工作过程。

图 4.3 给出了 8 种写负载（A～H）在存储空间内的地址映射过程，其中磁盘阵列由 6 块磁盘组成，P 为校验数据，选取其中的 Bank 0 和 Bank 1 进行说明，假设每个 Bank 包含 6 个 Stripe（仅为说明方便，实际应用中可达百万数量级甚至更高），映射粒度为 Strip 大小。负载 A～H 分别需要 3、5、2、1、3、2、3、1 块磁盘并行，其后数字表示时间段编号（1～25），A2 表示负载 A 在 2 号时段内运行，负载持续的时间各不相同。

|  | Disk 0 | Disk 1 | Disk 2 | Disk 3 | Disk 4 | Disk 5 |
| --- | --- | --- | --- | --- | --- | --- |
| Bank 0 | A1 | A1 | A1 | D9 | D11 | P |
|  | A2 | A2 | A2 | D10 | E12 | P |
|  | B3 | B3 | B3 | B3 | B3 | P |
|  | B4 | B4 | B4 | B4 | B4 | P |
|  | C5 | C5 | C7 | C7 | E13 | P |
|  | C6 | C6 | C8 | C8 | F14 | P |
| Bank 1 | E12 | E12 | G19 | G19 | P | G19 |
|  | E13 | E13 | G20 | G20 | P | G20 |
|  | F14 | G18 | G18 | G18 | P |  |
|  | F15 | F15 | G21 | G21 | P | G21 |
|  | F16 | F16 | H22 | H24 | P |  |
|  | F17 | F17 | H23 | H25 | P |  |

图 4.3　存储空间动态映射示例

在该示例中，写数据优先顺序保存在当前活动磁盘上，在活动磁盘能够满足性能需求时，不需访问那些待机磁盘，既具有很好的局部并行性，又可动态分配具有合适并行度的存储空间。在宏观上按照 Bank 编号依次进行地址映射与存储空间回收，当 Bank 数较大时（对于较大容量磁盘是可行的），可保证基本按文件存储时间删除数据。微观上以 Strip 为映射单元，根据性能需求在 Stripe 上选择数量合适的 Strip 并行，动态提供合适的并行度。可有效解决连续数据存储中的顺序删除特性与动态局部并行之间的矛盾。该示例比较直观地表明 DEEDL 能够很好满足上述 4 个必备条件。

### 4.3.3　访问冲突避让

上述存储空间动态映射存在访问冲突问题，当来自 2 个 Bank 的 Strip 并行时（算法 1 中 12～18 行），可能会同时访问相同磁盘，引发访问冲突，产生性能瓶颈。如图 4.4 中的负载 E 在 12 号时段运行时（E12），由于需要生产校验数据，在 Bank 0 中需要 Disk 4、Disk 5 同时运行，在 Bank 1 中需要 Disk 0、Disk 1、Disk 4 同时运行，此时 Disk 4 被同时访问，成为性能瓶颈。E13、F14 也存在访问冲突问题。

访问冲突会严重影响系统性能，需要采取有效措施消除。研究发现，当校验数据位于阵列两边时（如图 4.3 中位于最右边），访问冲突最严重，任意 $k$ 个 Strip 跨越 2 个 Bank 并行，都会出现访问冲突；当校验数据位于阵列中间时，访问冲突最弱，可证明不发生访问冲突的充分条件是

| | Disk 0 | Disk 1 | Disk 2 | Disk 3 | Disk 4 | Disk 5 |
|---|---|---|---|---|---|---|
| Bank 0 | A1 | A1 | A1 | D9 | D11 | P |
| | A2 | A2 | A2 | D10 | E12 | P |
| | B3 | B3 | B3 | B3 | B3 | P |
| | B4 | B4 | B4 | B4 | B4 | P |
| | C5 | C5 | C7 | C7 | E13 | P |
| | C6 | C6 | C8 | C8 | F14 | P |
| Bank 1 | E12 | E12 | G19 | G19 | P | G19 |
| | E13 | E13 | G20 | G20 | P | G20 |
| | F14 | G18 | G18 | G18 | P | |
| | F15 | F15 | G21 | G21 | P | G21 |
| | F16 | F16 | H22 | H24 | P | |
| | F17 | F17 | H23 | H25 | P | |

图 4.4　示例中的访问冲突问题

$k \leqslant [N/2]$，$N$ 为阵列中磁盘数，该条件不是必要的，因为此时最多可有 $N-2$ 个 Strip 跨 Bank 并行而不发生访问冲突。

为了消除访问冲突，提出一种访问冲突避让策略，详见算法 2。当算法 1 执行到 12 行，选择跨越 2 个 Bank 的 $k$ 个 Strip 进行存储空间映射时，首先选择 $k+1$ 个 Strip（1～7 行），然后进行访问冲突检查（第 8 行），若没有冲突或末尾 Strip 冲突，则删除末尾 Strip；否则根据位置参数 pos 删除冲突 Strip（9～12 行）。最后获得没有访问冲突且可并行的 $k$ 个 Strip。

**算法 2.**　ConfAvoiding().

```
1. p1=GetStrip(CurStripe,CurStripe.len)
2. NextStripe=GetMaxStripe(NextBank);
3. if(NextStripe.len<k+1-CurStripe.len)
4.     CollectStripe(NextBank);
5. NextStripe=GetMaxStripe(NextBank);
6. p2=GetStrip(NextStripe,k+1-CurStripe.len)
7. p=Concat(p1,p2);                    //连接成 k+1 个的 Strip
8. pos=AccessConflictTst(p);           //确定冲突 Strip
9. if(pos==FFFF or pos==k)             //无冲突或末尾 Strip 冲突
10.    Delete(p,k);
11. else                               //pos 处的 Strip 冲突
12.    Delete(p,pos);
```

算法 2 可作为优化选项，整体替换算法 1 中 12～18 行处代码。图 4.5 给出了上述示例采用冲突避让策略后的存储空间映射情况，其中“×”表示该处的 Strip 不参加地址映射。冲突避让会浪费一些存储空间，对其大小的定量分析还需要深入研究，但最坏不超过 1/（$N-1$），本示例中为存储容量的 5%（3Strip/60Strip）。进一步对比图 4.3、图 4.5 可直观发现，冲突避让还会使存储数据分布得更加规整，这有利于减少磁盘寻道和状态转换次数，从而延长磁盘使用寿命和提高磁盘节能效率。

| | Disk 0 | Disk 1 | Disk 2 | Disk 3 | Disk 4 | Disk 5 |
|---|---|---|---|---|---|---|
| Bank 0 | A1 | A1 | A1 | D9 | D11 | P |
| | A2 | A2 | A2 | D10 | × | P |
| | B3 | B3 | B3 | B3 | B3 | P |
| | B4 | B4 | B4 | B4 | B4 | P |
| | C5 | C5 | C7 | C7 | × | P |
| | C6 | C6 | C8 | C8 | × | P |
| Bank 1 | E12 | E12 | E12 | H22 | P | H24 |
| | E13 | E13 | E13 | H23 | P | H25 |
| | F14 | F14 | G18 | G18 | P | G18 |
| | F15 | F15 | G19 | G19 | P | G19 |
| | F16 | F16 | G20 | G20 | P | G20 |
| | F17 | F17 | G21 | G21 | P | G21 |

图 4.5　访问冲突避让后的存储空间映射

### 4.3.4　性能需求感知

负载性能需求是 DEEDL 动态设置局部并行度的基本依据，准确感知负载的性能需求对 DEEDL 至关重要。存储系统的性能需求具有多样性，可以从平均响应时间、最大响应时间、数据传输率等多角度度量。如事务型数据库、OLTP 等应用对最大响应时间、平均响应时间都敏感。网页存储、多媒体服务等应用则对最大响应时间不敏感，对平均响应时间敏感。视频监控、CDP、备份、归档等连续数据存储应用，对响应时间不十分敏感，却需要稳定的数据传输率。因此 DEEDL 把数据传输率作为性能需求指标。

为了在线感知负载的性能需求，即数据传输率需求，需要统计 I/O 请求队列的历史信息，然后进行分析预测。对于视频监控等连续数据存储应用，负载的波动周期或突发时间一般较大，因此可根据时间窗口 $T$ 内的平均数据传输率来感知负载需求的数据传输率，用 $r=(t_a, \text{pos}, \text{len})$ 记录 1 个 I/O 请求，其中 $t_a$、pos、len 分别为请求 $r$ 的到来时间、起始逻辑地址和请求长度，$r.x$ 表示请求 $r$ 的成员 $x$，设时间窗口 $T$ 内到来的 I/O 数为 num，则可用式（4.2）感知负载需求的数据传输率：

$$\text{Transfer Rate} = \beta \cdot \frac{1}{T} \cdot \sum_{k=1}^{\text{num}} r_k \cdot \text{len} \tag{4.2}$$

其中，$\beta$ 为性能系数，可取根据需要设定，通常在 1.2～2 之间取值。

为了验证式（4.2）是否有效以及确定时间窗口 $T$ 的大小，进行了如下实验：设计一个波动负载发生器，在 12 个时间窗口内向存储设备写入数据，其中 5～8 窗口的写速率为 16 MB/s，其余窗口写速率为 8 MB/s。采用 Blktrace 跟踪 I/O 请求，对获得的 I/O 请求利用式（3.2）离线感知负载的数据传输率，感知结果如图 4.6 所示。

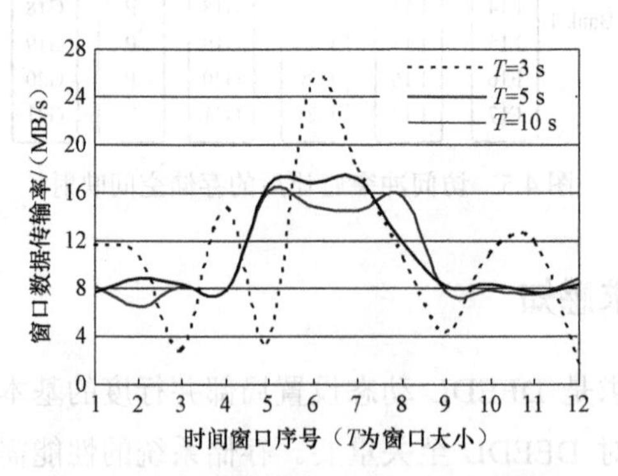


图 4.6　不同时间窗口下的性能需求感知

从图 4.6 中可以看出，当窗口时间 $T$ 大于 5 s 时，感知值在实际值附近小幅波动，基本收敛于实际值；当 $T$ 等于 3 s 时，感知值大幅波动，已难以准确反映实际的数据传输率。综上，当窗口时间 $T$ 大于 5 s 时，式（4.2）是有效的，但 $T$ 值过大会降低感知的灵敏度，$T$ 一般应选 5～15 s。需要强调式（4.2）中的 I/O 请求来自 RAID 层的请求队列，而不是各磁盘的 I/O 请求之和，因为完成 1 个 RAID 层 I/O，会产生一些额外的磁盘 I/O，如写校验数据的磁盘 I/O、小写中读旧数据及旧校验数据的磁盘 I/O。

为进一步提高感知准确度以及增强系统的抗干扰能力，可根据观测到的一系列时间窗口内的数据传输率，以及一些特定的历史信息，如已有波动负载的波动规律、波动强度等，来感知负载类型及其性能需求。更多内容已涉及模式识别领域的相关理论与方法，这里不过多讨论。

DEEDL 动态调整局部并行度时，还需要一张“并行度—性能”表，该表记录不同并行度可提供的基本性能，其值由实验测定，简称额定性能。并行度调整算法可借鉴 LD 算法实现：选择最小局部并行度，并保证负载性能需求小于该并行度额定性能的 80%。与 OLTP 等应用不同，连续数据存储中负载的波动周期、突发时间一般较大，因此能够进行有效识别，并且不需要频繁改变局部并行度。

### 4.3.5　性能与节能优化

与 S-RAID 相同，DEEDL 采用局部并行策略把 I/O 请求集中在部分磁盘上，并调度其他多数磁盘待机节能。为提高节能效率，需要根据 I/O 流的时间、空间分布特征，选择合适的节能调度算法。文献［84］提出的面向 S-RAID 的 LSF（Logical Space Forecasting）算法，通过对 I/O 进行聚类分析获取活跃存储区的分布及其动态特性，并依此进行磁盘节能调度。该算法同样适合 DEEDL。另外 TPM 算法虽然不适合 RAID 5，但非常适合 DEEDL，因为在 DEEDL 中有足够长空闲时间供 TPM 算法利用，并且 TPM 算法实现简单。

连续数据存储系统以写操作为主，包含少量读操作，可分为如下两类：

① 读文件系统元数据、RAID 配置信息等，数据量较小，读数据分布具有一定规律；

② 数据回放时的读操作，数据量一般较大，读数据随机分布。

读操作会影响 DEEDL 的性能和节能效果，可采用 Chen 等提出的 Hystor 技术进行优化。Hystor 是一种基于 SSD 和磁盘的混合存储架构，SSD 主要存储关键数据，如访问高代价数据和文件系统元数据（Hystor 给出了这两类数据的块级识别方法），同时兼作写缓冲区。DEEDL 可采用 Hystor 技术进行如下优化：

① 把文件系统元数据、RAID 配置信息、地址映射表存储到 SSD；

② 进行回放读操作时，写数据缓存到 SSD，读操作结束后再同步到磁盘阵列。

# 4.4 实验测试

## 4.4.1 实验环境

为了验证 DEEDL 的性能与节能效果，基于 Linux 2.6.26 内核中的 MD（Multiple Device Driver）模块，构建了一个 DEEDL 的原型系统，包括基本数据布局、存储空间动态映射、性能需求感知、并行度调整等内容，其中时间窗口 $T=10$ s，性能系数 $\beta=1.2$。监控进程 Diskpm 对磁盘进行节能调度，采用 TPM 调度算法，当空闲时间达到 120 s 时调度磁盘待机。

基于典型连续数据存储应用视频监控，对 DEEDL 进行了性能与节能测试。模拟了一个 16 路视频监控系统，采用高清分辨率（平均码率为 2 MB/s），10 台摄像机仅白天工作 8 h，另 6 台摄像机一天工作 24 h，要求视频数据至少保存 15 天以上，每隔指定时间（实验中为 5 min）在存储设备上创建 16（6）个视频文件，分别保存该时间段内的各路视频数据，视频数据以添加（Append）方式写入视频文件，存储空间不够时删除最早存储的视频数据。

多转速磁盘目前仍没有广泛使用，所以不选择相关节能方法进行比较，例如 Hibernator。视频监控中大部分视频数据的访问频率很低，基本都是“冷”数据，难以应用 PDC（“热”数据集中）方法节能。分层存储、镜像存储中辅助设备较多，会提高系统总成本，不适于视频监控这样大规模部署的存储系统。除此之外，选取了 3 种典型存储节能方法 PARAID、eRAID 5 和 S-RAID，与 DEEDL 进行性能、节能比较。上述 4 种节能方法均可实现单盘容错，并且冗余磁盘数均为 1。

存储服务器配置如下：Intel(R)Core(TM)i3－2100 CPU，8 GB 内存，主板型号为 ASUS P8B-C/SAS/4L，LSI 2008 SAS 存储控制器在背板上扩展出 32 个 SAS/SATA 盘位；磁盘阵列的类型及盘数需分别设定，选用 3 TB 的希捷 ST3000DM001 磁盘。存储系统的功耗测量系统包括测控计算机、电流表以及电源等部分。采用 GW PPE-3323 高精度稳压电源为磁盘提供 +5 V 和 +12 V 电压，利用 Agilent 34410A 数字万用表分别测量并存储其电流值，电流表通过 LAN 线与测控计算机相连。测控计算机设定电流采样频率为 5 Hz，在测量结束后读取测量值，然后根据电流、电压值计算出功率值及总功耗。

磁盘功率测量方式如图 4.7 所示，利用电流表测量磁盘工作电流，测控计算机负责设定电流采样频率，并在测量结束后读取测量值，电流表通过 LAN 线与测控计算机相连。

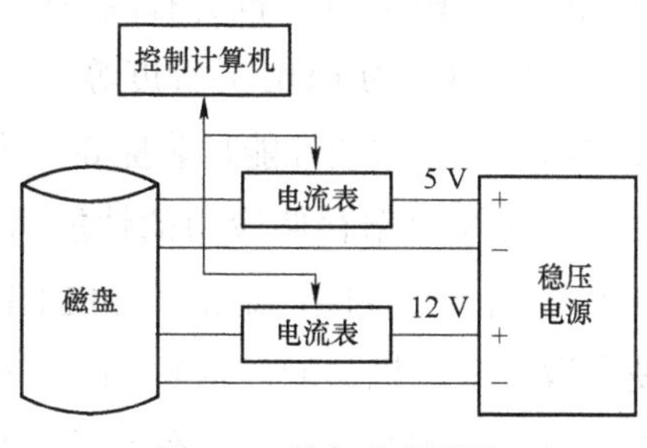


图 4.7　磁盘功率测量

由于需要保存的原始数据量至少为 24.2 TB（15 天数据量），考虑到文件系统额外消耗约 10%的存储空间，以及留出 5%～10%的空闲空间，因此需要 10 块 3 TB 磁盘存储数据，加上 1 块磁盘存储校验值，共需 11 块 3 TB 磁盘。PARAID 中每级逻辑 RAID 都需要保存 1 份完整的存储数据，因此最节能的逻辑 RAID（跨越磁盘数最少）需要 11 块 3 TB 磁盘，10 块磁盘存储数据，1 块磁盘存储校验值。每种节能方法的功耗测量时间为 24 h，Strip 大小为 64 KB。

### 4.4.2　性能测试

DEEDL 可根据负载性能需求动态调整并行度，因此需要测定不同并行度可提供的基本数据传输率。首先利用 Iometer 测试 DEEDL 在不同并行度下的写性能，请求长度为 512 KB，测试结果如图 4.8（a）所示。DEEDL 并行度等于 1 时随机写性能约为 29.14 MB/s，顺序写性能约为 31.1 MB/s。

随着并行度的增加，DEEDL 的写性能显著提高，并行度等于 2 时随机写性能约为 57 MB/s，顺序写性能约为 61 MB/s，已经能够满足一般连续数据存储系统的性能需求。随机写与顺序写性能基本相同，是由于 DEEDL 在执行存储空间动态映射时，会自动把随机写转换为基本顺序写。

DEEDL 的读性能取决于存储空间映射后读数据的分布情况，没有已经存在的写数据，难以给出准确的读性能。考虑到 DEEDL 的读操作以数据回放为主，如视频回放，利用 CDP 进行系统还原，读取归档数据，此时读操作在重复某段时间内的写操作，因此可以用写性能反映读性能，但此时的写操作应该关闭校验生成机制，因为读操作不需要生成校验数据。采用该方法，利用 Iometer 测得 DEEDL 在不同并行度下的回放读性能如图 4.8（b）所示，请求长度为 512 KB。DEEDL 并行度等于 1 时回放读性能约为 77 MB/s，随着并行度的增加，回放读性能显著提高，并行度等于 2 时约为 152 MB/s，可满足大多数连续数据存储应用的性能需求。相同并行度下 DEEDL 的回放读性能显著高于写性能，是由于 DEEDL 基本执行“小写”操作，“小写”可以使多数磁盘待机节能，显著提高节能效果，但对写性能有一定影响。DEEDL 的其他读操作，如读文件系统元数据、RAID 配置信息、地址映射表等，数据量小且有规律分布，可以通过 Cache 策略有效过滤，或完全重定向到 SSD 上（采用 Hystor 技术优化时），对整体性能的影响不大。

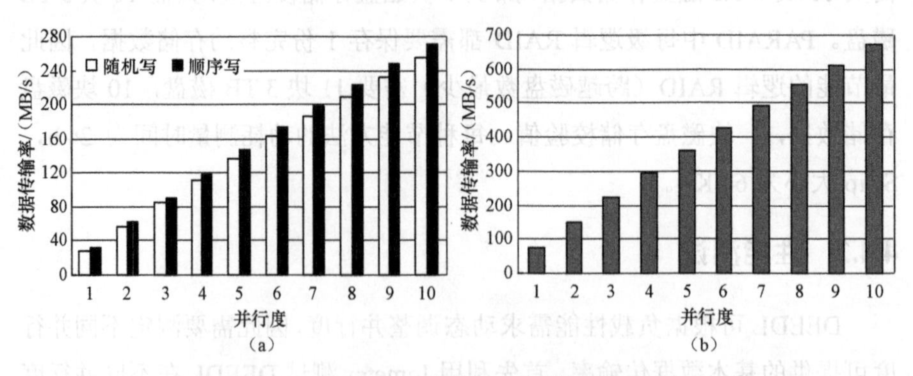


图 4.8　DEEDL 在不同并行度下的基本性能

（a）写性能；（b）回放读性能

进一步利用 Iometer 对比测试 DEEDL、S-RAID、PARAID、eRAID 5

的写性能。各节能方法在 80%顺序写、随机写负载下的写性能见下图 4.9，其中 DEEDL、S-RAID 的并行度等于 2。通过比较得 DEEDL 的写性能较好，无论在 80%顺序写负载还是随机写负载下，其性能远高于并行度相同的 S-RAID。另外与其他 3 种节能阵列相比，DEEDL 的写性能不会因随机负载增加而显著下降，因为通过存储空间动态映射，DEEDL 总是基本执行顺序写操作。PARAID、eRAID 5 的并行度等于 10，远高于 DEEDL、S-RAID 的并行度，因此其写性能也远高于 DEEDL、S-RAID。

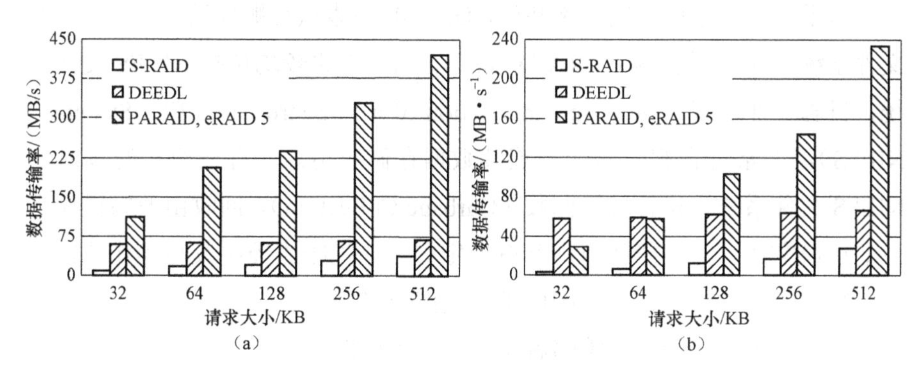


图 4.9　不同节能方法的写性能对比

（a）80%顺序写；（b）随机写

上述视频监控系统采用高清分辨率，考虑到帧速率（25 帧/s 或 30 帧/s）、视频压缩算法（如 H.264 或 MPEG-4）等确定因素以及监控场景复杂度等不确定因素，根据视频监控行业设计规范，为每路高清监控分配 2 MB/s 的数据传输带宽已经足够。因此，白天 16 路监控需要 32 MB/s 的写带宽，夜间 6 路监控需要 12 MB/s 的写带宽。视频监控以写操作为主的，视频回放的频率非常低，仅在视频取证时回放，表现为重复先前的写操作，因此即使考虑视频回放，带宽的增加也是有限的。盘阵中少量磁盘局部并行能够满足性能需求，其余多数磁盘可以待机节能。

S-RAID 的数据布局是静态的，需要根据白天的写性能需求（32 MB/s）进行分组。根据性能测试结果（详见第 3 章），应采用 $P=5$、$Q=2$ 分组方式（磁盘阵列分成 5 组，每组 2 磁盘并行），该分组方式在 NILFS 文件系统下的写性能约为 57 MB/s（显著高于图 4.9 中的测试结果，因 NILFS 是日志文件系统，在内部把非顺序写转换为顺序写）。该分组方式提供的写性能在夜间（仅需 12 MB/s）严重过剩，夜间 1 块磁盘运行即可满足性能需求，在 NILFS 文件系统下其写性能约为 29 MB/s。PARAID、eRAID 5 的写性能更是严重过剩，所提供的高性能基本被浪费掉，性能浪费伴随着对等的能源浪费。DEEDL 通过存储空间动态分配机制，始终为负载提供合适的性能，可有效避免性能过剩，以及由此引发的能源浪费。

### 4.4.3 节能测试

由于进行了存储空间动态映射，DEEDL 基本执行顺序写操作，因此对文件系统的选择不敏感（S-RAID 敏感）。为公平比较均选择 NILFS 文件系统，日志文件系统（New Implementation of a Log-structured File System，NILFS），非常适合视频监控等连续数据存储应用。当存储空间写满时，NILFS 文件系统将执行垃圾回收（Garbage Collection），回收由改写操作产生的垃圾空间，对性能和节能都有一定影响。视频监控中改写操作非常少（主要是文件系统元数据），因此可以关闭垃圾回收。

这里采用另一种优化策略解决垃圾回收问题：

① 对于 S-RAID、PARAID、eRAID 5，将其存储空间划分为 16 个分区，并分别创建 NILFS 文件系统，每个分区存储 1 天的视频数据。16 个分区全部写满后，在第 1 个分区上重新创建 NILFS 文件系统，依此类推。该方法既可至少保存 15 天的视频数据，又避免了 NILFS 文件系统的垃圾回收操作。

② 对于 DEEDL，将其分为 17 个 Bank，在每个 Bank 上创建 NILFS 文件系统，并且在 Bank 内执行存储空间动态映射。该方法也可实现上述优化效果，还可避免 DEEDL 的访问冲突问题（见 4.3.3 节）。

在此基础上，分别对 4 种节能方法进行 24 h 功耗测试，测试结果见图 4.10。DEEDL 的节能效果最好，24 h 功耗仅为 0.60 kWh，约为 S-RAID 功耗的 83%，PARAID 功耗的 29%，eRAID 5 功耗的 31%。PARAID 的功耗最高，约为 2.1 kWh。为了进一步说明 DEEDL 的节能性，下表 4.1 给出了 DEEDL 与 S-RAID、PARAID、eRAID 5 的比较，运行 1 年能够节约的电量（根据 24 h 功耗测量结果计算）。PARAID 能耗最高，每年比 DEEDL 多消耗 550 kWh 的电量；eRAID 5 次之，每年多消耗 486 kWh 的电量；

S-RAID 则多消耗 42 kWh 的电量。

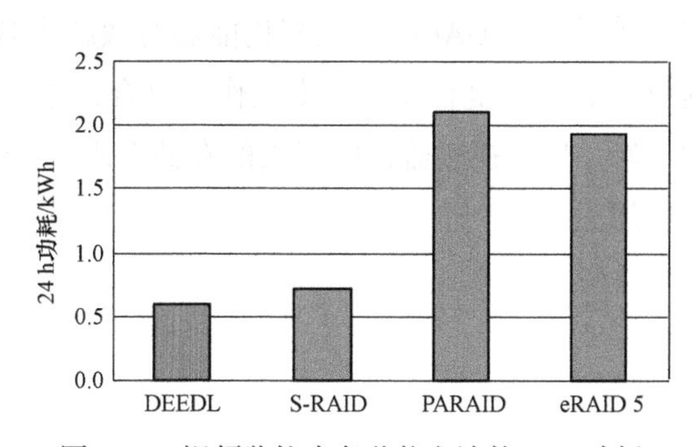


图 4.10　视频监控中各节能方法的 24 h 功耗

**表 4.1　各节能方法相对 DEEDL 的额外能耗（值越小越好）**

| 节能方法 | 每年额外耗电量/kWh |
|---|---|
| DEEDL | 0 |
| S-RAID | 42 |
| PARAID | 550 |
| eRAID 5 | 486 |

# 4.5　本章小结

为了实现视频监控、CDP、VTL 等连续数据存储应用的节能存储，在 S-RAID 静态局部并行数据布局的基础上，提出一种动态节能数据布局——DEEDL。DEEDL 根据感知的负载性能需求，采用地址映射机制，为负载动态分配具有合适并行度的存储空间，既可以保证多数磁盘待机节能，又可以提供合适的性能。DEEDL 能够适应高强度的波动负载和突发负载，具有更高的节能效率和可用性。16 路高清视频监控（具有较高强度的波动负载）模拟实验表明，在满足性能需求以及单盘容错的条件下，与目前几种典型的存储节能方法相比，DEEDL 的功耗最低。

与 S-RAID 相同，DEEDL 局部并行节能的同时，基本执行小写操作，因此需要进行小写优化。可采用预取、I/O 聚集（Scatter Gather）技术，将一系列写请求转换为少量的顺序写，发挥磁盘顺序存储时高吞吐率的特点。特别指出，李明强等提出的DACO磁盘架构能够有效解决DEEDL的小写问题，DACO包括读、写和复合3种基本操作，复合操作采用流水技术实现块级数据的读改写。也许视频监控中巨大的存储需求，会促进DACO磁盘架构的研发与应用进程。

# 第5章　基于预读与I/O聚合的S-RAID性能优化方法

## 5.1　引　言

面向视频监控、备份、归档等存储应用的节能磁盘阵列S-RAID，采用局部并行节能策略实现存储系统节能。局部并行可提供合适的性能，有效避免全局并行带来的性能过剩以及由此引发的存储系统高能耗问题。S-RAID在上述存储应用中可获得理想的节能效果。

为保证更多磁盘待机节能，S-RAID基本执行“小写”操作，也称“读—改—写”操作，写数据时需要读取对应的旧数据、旧校验数据，再与写数据一起计算新校验数据，然后将新校验数据写入存储单元。在小写过程中，由于写操作引入了额外的、等量的读操作，因此S-RAID中单位磁盘的写性能较低。

与RAID 4/5/6等基本磁盘阵列相比，S-RAID中的小写问题尤为突出，主要原因如下：

① S-RAID节能策略的核心就是把I/O请求集中在局部并行的磁盘上，从而调度其他磁盘待机节能。与重构写（Reconstruction Write）、完全写（Full Write）相比，小写能够有效减少活动磁盘的数量，因此S-RAID基本执行小写。

② S-RAID主要面向视频监控、备份、归档等连续数据存储应用，该类存储应用以写操作为主，导致写性能直接决定S-RAID的整体性能。

另一方面，现代磁盘具有优异的顺序读写性能，如3 TB的希捷ST3000DM001磁盘，最高顺序数据传输率达到210 MB/s，平均顺序数据传输率达到156 MB/s。因此，充分挖掘磁盘的性能潜力是S-RAID性能优化的重要目标。

为此，针对 S-RAID 提出一种基于预读与 I/O 聚合的性能优化方法，通过合并 I/O 和寻道次数，增大 I/O 尺寸来提高磁盘的利用率，具体措施如下：

① 稳定识别来自上层应用的写请求顺序流；

② 由写请求顺序流触发大粒度异步预读，预读小写操作所需要的旧数据、旧校验数据；

③ 进行写操作聚合，将若干个写请求合并为一个或几个大尺寸的写请求；

④ 建立基于预读、写缓存、写回的写操作流水线。

该优化方法可显著提高 S-RAID 的写性能，并且不依赖于任何额外硬件，具有更高的可用性。优化后 S-RAID 的单盘小写带宽逼近磁盘持续数据传输率的一半，若持续传输率为 100 MB/s，则单盘小写带宽约为 50 MB/s，性能提升明显。

本章的主要内容及创新点如下：

① 在 RAID 级实现预读机制，能够对所有读操作进行预读。Linux 中的预读机制发生在文件级，无法感知 RAID 级由小写引发的额外读操作，不会对该类读操作进行预读。

② 针对 S-RAID 优化了预读触发条件，能够稳定触发大粒度异步预读，不需要顺序性匹配。Linux（2.6.24 版本以后）的预读算法面向各种类型应用，需要进行严格的顺序性匹配。

③ 建立了基于预读、缓存、写回的 S-RAID 写操作流水模型，在写数据缓存期间，调度磁盘有序地进行数据预读与写回，可充分发挥磁盘潜能。

## 5.2 相关研究

视频监控、连续数据保护、备份、归档等存储应用需要海量存储空间，以顺序访问为主，对随机性能要求不高。针对该类存储应用特有的负载特性，文献［78］提出了节能磁盘阵列 S-RAID，在满足性能需求的前提下，通过降低并行性实现存储节能。S-RAID 采用局部并行数据布局，把阵列中的存储区分成若干组，分组有利于调度部分磁盘运行而其余磁盘待机，组内并行用以提供性能保证。

S-RAID 执行小写有利于存储节能，但小写会带来写惩罚，而所面向的存储应用又以写操作为主，两个因素叠加使 S-RAID 的小写问题异常突出，直接导致其写性能严重下降，因此需要对其进行性能优化。

性能优化对 S-RAID 具有重要意义：在运行盘数相同的条件下，可以使存储系统具有更大的性能余量；反之，当存储应用需要额定的写性能时，S-RAID 运行更少的磁盘即能满足性能需求，可以节省更多能量，进一步提高节能效率。

已有的小写优化方法，如 Floating Parity、Parity Logging、RAID 6L、HP AutoRAID 等，主要面向 RAID 4/5/6 等基本磁盘阵列，难以应用到基本工作模式为多数磁盘待机节能的 S-RAID 中。李明强等提出的 DACO 磁盘架构，包括读、写、复合等 3 种操作，复合操作采用流水技术实现块级数据的读改写。DACO 磁盘能够解决 S-RAID 的小写问题，但该磁盘仍处于理论研究阶段。

刘靖宇等针对归档系统具有一次写入，不会被删除或更改的存储特性，基于 NILFS 日志文件系统优化了 S-RAID 的写性能，在不增加存储能耗的条件下，S-RAID 的写性可至少提升 56%。该方法不适合需要多次写入以及存在数据删除操作的存储系统，例如视频监控存储系统，另外它还依赖于特定的 NILFS 文件系统。

在 S-RAID 中增加日志盘，或者低功耗的 NVRAM、SSD 作为缓存进行小写优化，需要改变硬件配置，增加硬件成本，灵活性差不宜大规模部署，研究不依赖特定硬件的小写优化方法，对提高 S-RAID 的可用性具有重要意义。连续数据存储需要海量存储空间，磁盘成为首选存储设备，因此充分发挥磁盘性能是 S-RAID 性能优化的主要目标。

首先，增大 I/O 请求尺寸可充分发挥磁盘性能。磁盘完成一个 I/O 请求需要 $T_a$ 和 $T_d$ 两个基本时间，$T_a$ 为访问时间，包括寻道时间及磁道内的定位时间，$T_d$ 为数据传输时间，是磁盘的有效利用时间。$T_d$ 所占比重越大，磁盘利用率就越高。因为增大 I/O 请求尺寸可提高 $T_d$ 所占比重，所以可有效提高磁盘利用率。访问时间 $T_a$、数据传输时间 $T_d$、磁盘利用率 Util，与

I/O 请求尺寸的关系如图 5.1 所示。

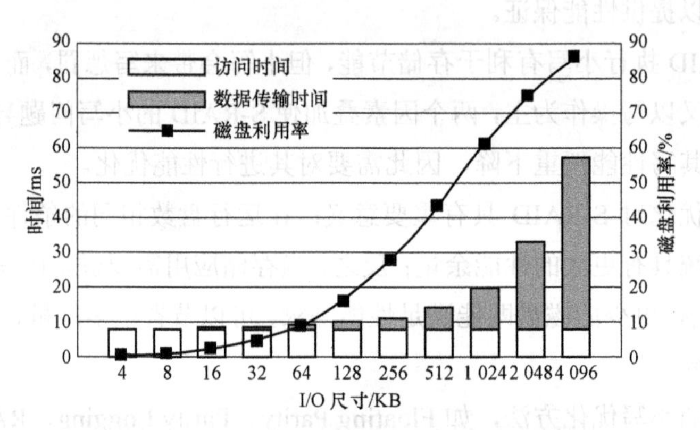


图 5.1 大尺寸 I/O 可有效提高磁盘利用率

其次，现代操作系统具有完善的缓存机制，数据通常先写入内存缓冲区，直到缓冲区写入足够多的数据后，才把缓存数据同步到磁盘等外存设备，目前内存容量已达到 10 GB 数量级。S-RAID 面向的存储应用以写操作为主，在写数据缓存期间，S-RAID 有足够的空闲时间，因此可大粒度异步预读小写操作需要的旧数据、旧校验数据，对上层应用程序隐藏小写中读操作引起的磁盘 I/O 延迟。

再次，S-RAID 主要面向连续数据存储应用，与联机事务处理、数据库、搜索引擎等进行随机访问的存储应用不同，该类存储应用以顺序访问为主，无论对于普通读操作还是小写引发的额外读操作，都非常适合预读，并且可以采用更加贪婪的预读策略。同时也非常适合写操作聚合，有效减少写操作个数，增大写操作的平均尺寸。

基于数据访问的局部性原理，把当前读操作临近的数据提前读入内存，可有效防止应用程序因数据缺失而被阻塞挂起，因此预读是现代操作系统的必备功能。吴峰光等提出了一种按需预读算法，算法在逻辑上分为监控与执行两部分，监控部分简化了预读触发的条件，执行部分由独立的判决模块组成，每个模块匹配并处理一种访问模式。该算法简洁高效，已被 Linux 2.6.24 及以后版本采用。

上述预读算法发生在文件级，不会预读 S-RAID 中小写操作需要的旧数据、旧校验数据，原因在于，S-RAID 中校验机制是在 RAID 内部实现的，其数据组织方式在文件系统之下，对上层文件系统透明。文件系统无法感知读旧数据、旧校验数据等 RAID 级产生的读操作，并且缺乏 RAID 级校验数据的相关信息，因此不会也无法预读该类数据。RAID 4/5/6 等基本磁盘阵列同样不会预读该类数据，只是这些阵列对旧数据、旧校验数据的预读需求不如 S-RAID 强烈，所以并未引起重视。

本章内容在充分借鉴 Linux 按需预读算法的基础上，提出了面向 S-RAID 的小写预读算法，该算法优化了预读触发条件，能够稳定预读小写需要旧数据、旧校验数据。进一步综合运用了大粒度预读、写操作聚合与缓存技术，将一系列小写操作转换为少量的、大尺寸的磁盘 I/O，可以充分发挥磁盘的性能优势，显著提高磁盘利用率。

## 5.3　小写预读算法

S-RAID 中的读操作分为两类：一类是上层应用程序发来的读操作，该类读操作在文件级存在完善的预读机制，简称基本预读，这里不再讨论；另一类是 S-RAID 执行小写操作时，为读取旧数据、旧校验数据额外产生的读操作，文件级预读算法不会预读该类数据，因此本章主要研究该类数据的预读，简称小写预读。

### 5.3.1　预读数据结构

基本预读由读操作触发，而 S-RAID 的小写预读由写操作触发。为了实现预读，一般需要维护两种状态量，写历史记录和预读记录。完整的写请求历史记录最能反映程序的访问特征，但需要考虑算法的时效性。对于预读记录，需要一个预读窗口（Readahead Window）记录最近一次预读的起始块号和块数，预读窗口是本次预读的决策结果，也是下次预读的决策依据。

S-RAID 的小写预读算法采用如下数据结构记录写历史记录和预读记录，如图 5.2 所示。其中 start 和 count 构成一个预读窗口，记录最近一次预读的起始位置和大小；distant 指示异步预读的位置提前量，即前方还剩多少个未写的预读块时启动下一次预读；weight 为该数据结构的权值，记录预读窗口向前推进的次数，其值与写操作的顺序性相关，值越大表明写操作的顺序性越强；time为该数据结构建立的时间。

```
struct block_ra_state {
    blkoff_t  start; //where readahead started
    int       count; //number of readahead blocks
    int       distant; //begin readahead when there are only
so many blocks ahead
    int       weight; //the number that readahead window has
put forward
    int       time; //the creation time of the structure
};
```

图 5.2　小写预读的数据结构

理想情况下应当给每个“疑似顺序写”分配一个上述预读数据结构，但由于每个随机写都是“疑似顺序写”，可能造成大量的额外性能开销，因此需要对预读数据结构的数量加以控制，当其数量超过系统规定的上限时，可撤销那些创建时间较早、权值较小的预读数据结构。

### 5.3.2　预读算法

为使预读算法具有较强的鲁棒性和适应性，与文献［84］预读算法相同，小写预读算法也分为监控和执行两部分：监控部分嵌入RAID级的make_request()函数之中，检查写请求中的每个数据块是否满足预读触发条件，如果满足则触发预读；执行部分根据不同触发条件，分别进行初始预读或顺序预读，其中顺序预读又分为后继预读（1个顺序流中夹杂若干随机I/O）、交织预读（多个顺序流交织在一起）等两种情况。小写预读算法的具体实现如图5.3所示。

```
1. write:
2. for each block
3. if block not cached and not in prefetching;
                                    //初始预读触发条件
```

图 5.3　小写预读算法

```
4. call readahead;
5. if test-and-clear Readahead_Flag       //顺序预读触发条件
6. call readahead;
7. readahead:
8. if is async readahead and queue congested
9. return;
10. if block not cached
11. setup initial readahead window;      //建立预读窗口
12. else if hit Readahead_Flag block
13. enlarge and put forward readahead window;
                                         //扩大并向前推进预读窗口
14. else                                 //其他情况
15. return;
16. readahead old_data_block;            //预读旧数据
17. mark new Readahead_Flag block;       //标记本次预读的起始块
18. locate old_parity_block;             //确定校验数据位置
19. readahead old_parity_block;          //预读旧校验数据
20. return;
```

图 5.3　小写预读算法（续）

### 5.3.3　预读触发条件

小写预读算法的预读触发条件如下：

① 写数据块缓存缺失（Cache Miss Write-block）且未在预读中。由于 S-RAID 执行小写，无论是写部分块还是写全部块，都需要执行磁盘 I/O 加载该块（如果不是小写，写全块时不需要加载该块），预读程序在加载该块的同时进行初始预读，预读与之相邻的若干连续块。

② 预读标记块（Readahead_Flag block），该标记块是在上一次预读中设置的。如果当前写数据块具有预读标记，表明下一次预读的时机已经到来，应立即调用预读例程进行异步预读。为避免重复触发，需要在触发预

读的同时清除 Readahead_Flag 标记。

Linux 的按需预读算法面向各种类型的应用，在发生页面缺失时，需要进行严格的顺序性匹配，只有上次与本次读操作是顺序读时才进行初始预读，需要记录最后一次读操作位置。

本章所提出的小写预读算法做了进一步优化，只要写数据块缓存缺失，且该块没有在预读中，就进行初始预读，原因如下：

① 根据小写特性，此时必须加载该块，对磁盘来讲，加载一个块与加载几个连续块的代价基本相同，因此可以执行初始预读；

② 连续数据存储中的写操作，可很好地满足局部性原理，该缺失块的相邻块通常即将被写到，因此有必要执行预读。既然小写预读不检验顺序性，也就不需要记录最后一次写操作位置。

预读标记块能够保证一旦开始一个顺序写的预读，这个预读序列就不会被不相关的随机写或交织的顺序写打断。为了防止缓存命中而导致实际预读长度减小，在预读中如果出现缓存命中，则跳过命中块继续向前预读。小写预读算法中只对数据块作预读标记，根据标记数据块及 S-RAID 的数据布局，即可确定校验块所在磁盘及盘内偏移量，并对其进行预读。

### 5.3.4 预读窗口设定

在连续数据存储应用中，可以执行更加贪婪的预读策略（后续实验证明该策略是可行的），可按如下规则设定预读窗口大小：

① 初始预读时，预读窗口的初始大小根据写请求大小由式（5.1）决定：

$$size = write\_size \times scale \tag{5.1}$$

其中，scale 可以取 4 或 8。

② 在后继预读中逐次倍增预读窗口，见式（5.2）：

$$size = prev\_size \times 2 \tag{5.2}$$

③ 限制最大预取量为 max_readahead 见式（5.3）：

$$size = \min(size, max\_readahead) \tag{5.3}$$

max_readahead 的取值范围为 16～256 MB，典型值为 32 MB。

异步预读的提前量按如下规则设定：

① 预取提前量通常取最大可能的值：distant = size；

② 对于初始预读，distant = size-write_size。

### 5.3.5　小写预读实例

本小节将通过实例，说明小写预读算法在顺序写、随机写与多个顺序写交织条件下的执行过程，检验小写预读算法在复杂环境下的抗干扰能力，最后通过一个实际的连续数据存储应用的 I/O trace，进一步说明该算法的预读效果。

（1）顺序写操作

下面以 3 个顺序写操作为例，说明小写预读在顺序写时的执行过程。

① 执行写请求 1 时，假设第 1 块没有缓存需要从磁盘加载。由于满足预读触发条件，会触发预读 1（初始预读），从第 1 块开始，预读 4 个块（假设写请求为 1 个块），标记第 2 块为预读标记块；

② 执行写请求 2 时，由于写数据块（第 2 块）为预读标记块，所以会触发预读 2（顺序预读），从第 5 块开始，预读 4×2 个块，标记第 5 块为预读标记块；

③ 执行写请求 3 时，由于写数据块（第 5 块）为预读标记块，所以会触发预读 3（顺序预读），预读 4×2×2 个块，并标记第 13 块为预读标记块。

执行过程如图 5.4 所示。

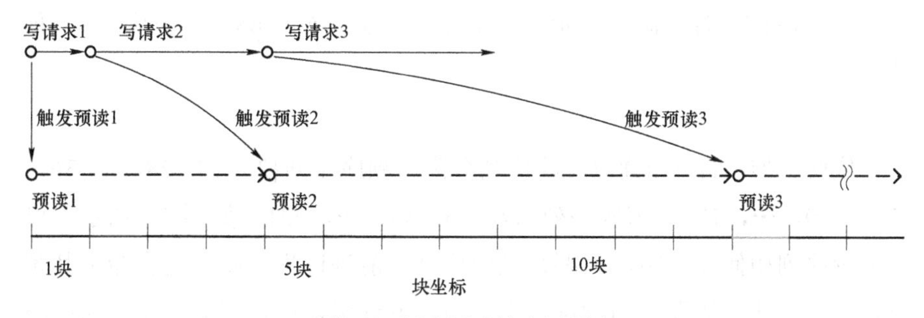


图 5.4　顺序写时的小写预读

（2）随机写与并发顺序写操作

连续数据存储系统以顺序写为主，但是具有一定的复杂性。首先，文件系统元数据通常与普通数据分离存储，普通顺序写操作之中会掺杂少量随机写（元数据更新）；其次，对于 Ext3、Ext4 等日志式文件系统（Journal File System），日志区与数据区分离，普通写操作会与日志区写操作交织进行。因此，小写预读算法应具有较强的抗干扰能力，能稳定识别被随机写中断的顺序写以及多个交织的顺序写。

下面将通过写一组数据块，来验证小写预读算法的抗干扰能力，写数据块序列如下（按时间顺序）：{26，7，47，27，8，65，28，9，53，29，10，58，30，11，73，31，12，46，32，13，64，33，14，77，34，15，57，35，16，69，36，17，52}，假设初始时各块均未缓存。小写预读的执行过程如下：

① 写块 26 时，满足初始预读条件，预读块 26～29，标记块 27 为预读标记块；

② 写块 7 时，满足初始预读条件，预读块 7～10，标记块 8 为预读标记块；

③ 写块 47 时，满足初始预读条件，预读块 47～50，标记块 48 为预读标记块；

④ 写块 27 时，命中预读标记，启动顺序预读，预读块 30～37，标记块 30 为预读标记块；

⑤ 写块 8 时，命中预读标记，启动顺序预读，预读块 11～18，标记块 11 为预读标记块；

⑥ 写块 65 时，满足初始预读条件，预读块 65～68，标记块 66 为预读标记块；

……

依此类推，小写预读算法将成功分离出顺序序列{26，27，28，…，36}、{7，8，9，…，17}，离散序列{47，65，53，…，52}，如图 5.5 所示。可得无论序列如何被中断，只要是顺序序列，前进过程中就一定会命中其预读标记块，从而触发新的预读，设置新的预读标记块，周而复始。因此小写预读算法具有很强的鲁棒性，能够在较复杂环境下稳定、可靠地执行小写预读。

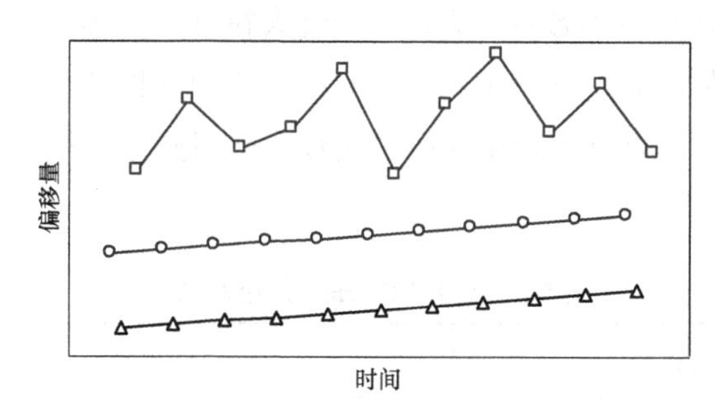


图 5.5　随机写、多个顺序写交织时的小写预读

图 5.5 中，□代表顺序序列{26，27，28，…，36}，○代表顺序序列{7，8，9，…，17}，△代表序列{47，65，53，…，52}。

在该实例中，顺序写对应的预读窗口在向前推进中会逐渐增大，而随机写对应的预读窗口没有机会向前推进，因此也不会增大，随着时间的推移将逐渐老化，小写预读算法会根据预读数据结构中的 weight、time 参数进行回收。

（3）离线小写预读实验

为进一步验证小写预读效果，模拟了一个 32 路视频监控系统，采用 D1 视频标准（平均码率为 2 Mb/s），每隔指定时间（实验中设定为 600 s）在存储设备上创建 32 个视频文件，分别保存该时间内的各路视频数据，视频数据以添加（Append）方式写入视频文件，存储设备的容量为 500 GB，采用 NILFS 文件系统。利用 Blktrace 跟踪该监控系统的 I/O 请求，跟踪时间为 15 h，然后对跟踪到的 I/O 请求进行离线的小写预读。

表 5.1 给出了监控系统 8:00 开始到来的 I/O 请求，以及执行离线小写预读的情况（设起始时间为 0:00，由于篇幅限制，仅列出了前 50 个 I/O 请求）。这里采用了较为贪婪的预读策略，最小预读量为 4 MB。对于写操作 2 触发的预读，预读区间分为 2 552～3 575 块（表中未标出）和 11 768～18 935 块，中间的 3 576～11 767 块已经预读故跳过，写操作 3 触发的预读也存在跳过问题。为表示简洁，所有块地址均减去了偏移量 431 960 000。

根据表 5.1 可得，随着预读窗口的逐渐增大，读请求尺寸也逐渐增大，而读请求数、读写操作比例却逐渐降低。预读窗口增大到 32 MB 时，读请求尺寸为 32 MB，读写操作比例大约为 1:64，即预读一次就可以加载大约 64 个小写操作需要的旧数据。因此，通过大粒度异步预读（初始预读为同步，顺序预读为异步），把 S-RAID 小写操作需要的旧数据、旧校验数据提前加载到内存，可以有效减少读操作次数、读写操作切换次数，极大提高磁盘的利用率。

**表 5.1 基于 I/O trace 的小写预读**

| 序号 | I/O 请求 | | | | 预读 | | | | |
|---|---|---|---|---|---|---|---|---|---|
| | 时间/s | 类型 | 首块 | 块数 | 预读标记块 | 首块 | 尾块 | 块数 | 属性 |
| 1 | 0.000 00 | w | 3 576 | 584 | **4 160** | 3 576 | 11 767 | 1 024*8 | 初始预读 |
| 2 | 0.009 20 | w | 2 552 | 1 024 | **3 576** | 11 768 | 18 935 | 1 024*8 | 初始预读 |
| 3 | 0.029 78 | w | 4 160 | 1 024 | **18 936** | 18 936 | 35 319 | 1 024*16 | 顺序预读 |
| 4 | 0.029 91 | w | 5 184 | 1 024 | 写数据缓存命中 | | | | |
| 5 | 0.034 75 | w | 19 520 | 1 024 | 写数据缓存命中 | | | | |
| 6 | 0.050 43 | w | 6 208 | 1 024 | 写数据缓存命中 | | | | |
| 7 | 0.050 56 | w | 7 232 | 1 024 | 写数据缓存命中 | | | | |
| 8 | 0.055 54 | w | 30 784 | 960 | 写数据缓存命中 | | | | |
| 9 | 0.065 20 | w | 8 256 | 1 024 | 写数据缓存命中 | | | | |
| 10 | 0.065 30 | w | 9 280 | 1 024 | 写数据缓存命中 | | | | |
| 11 | 0.067 89 | w | 10 304 | 1 024 | 写数据缓存命中 | | | | |
| 12 | 0.070 37 | w | 11 328 | 1 024 | 写数据缓存命中 | | | | |
| 13 | 0.072 85 | w | 12 352 | 1 024 | 写数据缓存命中 | | | | |
| 14 | 0.075 87 | w | 13 376 | 1 024 | 写数据缓存命中 | | | | |
| 15 | 0.078 53 | w | 14 400 | 1 024 | 写数据缓存命中 | | | | |
| 16 | 0.081 01 | w | 15 424 | 1 024 | 写数据缓存命中 | | | | |
| 17 | 0.083 46 | w | 16 448 | 1 024 | 写数据缓存命中 | | | | |
| 18 | 0.086 00 | w | 17 472 | 1 024 | 写数据缓存命中 | | | | |
| 19 | 0.114 05 | w | 18 496 | 1 024 | **35 320** | 35 320 | 68 087 | 1 024×32 | 顺序预读 |
| 20 | 0.116 59 | w | 20 544 | 1 024 | 写数据缓存命中 | | | | |

续表

| 序号 | I/O 请求 | | | | 预读 | | | | |
|---|---|---|---|---|---|---|---|---|---|
| | 时间/s | 类型 | 首块 | 块数 | 预读标记块 | 首块 | 尾块 | 块数 | 属性 |
| 21 | 0.118 82 | w | 21 568 | 1 024 | 写数据缓存命中 | | | | |
| 22 | 0.121 40 | w | 22 592 | 1 024 | 写数据缓存命中 | | | | |
| 23 | 0.123 91 | w | 23 616 | 1 024 | 写数据缓存命中 | | | | |
| 24 | 0.126 43 | w | 24 640 | 1 024 | 写数据缓存命中 | | | | |
| 25 | 0.128 96 | w | 25 664 | 1 024 | 写数据缓存命中 | | | | |
| 26 | 0.131 41 | w | 26 688 | 1 024 | 写数据缓存命中 | | | | |
| 27 | 0.133 78 | w | 27 712 | 1 024 | 写数据缓存命中 | | | | |
| 28 | 0.136 23 | w | 28 736 | 1 024 | 写数据缓存命中 | | | | |
| 29 | 0.138 66 | w | 29 760 | 1 024 | 写数据缓存命中 | | | | |
| 30 | 2.000 38 | w | 31 744 | 1 024 | 写数据缓存命中 | | | | |
| 31 | 2.000 50 | w | 32 768 | 1 024 | 写数据缓存命中 | | | | |
| 32 | 2.005 39 | w | 36 864 | 64 | 写数据缓存命中 | | | | |
| 33 | 2.030 38 | w | 33 792 | 1 024 | 写数据缓存命中 | | | | |
| 34 | 2.030 50 | w | 34 816 | 1 024 | **68 088** | 67 968 | 133 624 | 1 024×64 | 顺序预读 |
| 35 | 2.035 33 | w | 52 288 | 1 024 | 写数据缓存命中 | | | | |
| 36 | 2.045 05 | w | 53 312 | 1 024 | 写数据缓存命中 | | | | |
| 37 | 2.045 17 | w | 51 264 | 1 024 | 写数据缓存命中 | | | | |
| 38 | 2.050 00 | w | 60 480 | 592 | 写数据缓存命中 | | | | |
| 39 | 2.057 20 | w | 54 336 | 1 024 | 写数据缓存命中 | | | | |
| 40 | 2.057 30 | w | 55 360 | 1 024 | 写数据缓存命中 | | | | |
| 41 | 2.059 80 | w | 56 384 | 1 024 | 写数据缓存命中 | | | | |
| 42 | 2.062 32 | w | 57 408 | 1 024 | 写数据缓存命中 | | | | |
| 43 | 2.064 79 | w | 58 432 | 1 024 | 写数据缓存命中 | | | | |
| 44 | 2.067 38 | w | 59 456 | 1 024 | 写数据缓存命中 | | | | |
| 45 | 2.069 91 | w | 50 240 | 1 024 | 写数据缓存命中 | | | | |

续表

| 序号 | I/O 请求 | | | | 预读 | | | | |
|---|---|---|---|---|---|---|---|---|---|
| | 时间/s | 类型 | 首块 | 块数 | 预读标记块 | 首块 | 尾块 | 块数 | 属性 |
| 46 | 2.072 40 | w | 49 216 | 1 024 | 写数据缓存命中 | | | | |
| 47 | 2.074 87 | w | 48 192 | 1 024 | 写数据缓存命中 | | | | |
| 48 | 2.077 33 | w | 47 168 | 1 024 | 写数据缓存命中 | | | | |
| 49 | 2.079 87 | w | 46 144 | 1 024 | 写数据缓存命中 | | | | |
| 50 | 2.082 41 | w | 45 120 | 1 024 | 写数据缓存命中 | | | | |
| …… | | | | | | | | | |

# 5.4 写操作聚合

对于大部分文件系统，创建文件或向文件添加数据时，都会选择相邻或相近的存储区块进行分配，因此对于一段时间内的写操作，通常具有较强的空间局部性。对于视频监控、CDP、VTL 等连续数据存储应用，写操作具有更强的空间局部性，例如在表 5.1 中，每两次预读之间的写操作基本是连续的，写操作地址分布在一个很小的地址空间内。

为进一步提高磁盘利用率，在大粒度异步预读的基础上，还需要进行写操作聚合：对一段时间内的写操作进行排序，然后将这些写操作合并为一个或几个较大的写操作。对表 5.1 中两次顺序预读之间的写操作进行聚合后，其 I/O 分布情况如表 5.2 所示。

由表 5.2 可得，写操作聚合可极大减少写操作个数，有效提高写操作的平均尺寸。例如当顺序预读稳定后，第 34～66 写请求区间的 37 个写请求，可聚合为 3 个写请求；该区间大小约为 16 MB，聚合后写请求平均大小约为 5 MB。

随着聚合区的增大，写操作可聚合的概率也相应增加，因此聚合区增大不会显著增加聚合后的写操作个数，反而可能进一步减少聚合后的写操作个数。例如第 19～33 写请求所在聚合区为 8 MB（写聚合区即为上个预读区），包含 15 个写请求，写聚合后为 4 个写请求；而第 34～66 写请求所在聚合区为 16 MB，包含 33 个写请求，写聚合后为 3 个写请求。

表 5.2　写操作聚合

| 序号 | I/O 请求 | | | | 预读 | | | | |
|---|---|---|---|---|---|---|---|---|---|
| | 时间/s | 类型 | 首块 | 块数 | 预读标记块 | 首块 | 尾块 | 块数 | 属性 |
| 1 | 0.000 00 | w | 3 576 | 584 | **4 160** | 3 576 | 11 767 | 1 024×8 | 初始预读 |
| 2 | 0.009 20 | w | 2 552 | 1 024 | **3 576** | 11 768 | 18 935 | 1 024×8 | 初始预读 |
| 3 | 0.029 78 | w | 4 160 | 1 024×14 | **18 936** | 18 936 | 35 319 | 1 024×16 | 顺序预读 |
| 5 | 0.034 75 | w | 19 520 | 1 024 | 写数据缓冲命中 | | | | |
| 8 | 0.055 54 | w | 30 784 | 960 | 写数据缓冲命中 | | | | |
| 19 | 0.114 05 | w | 18 496 | 1 024 | **35 320** | 35 320 | 68 087 | 1 024×32 | 顺序预读 |
| 20 | 0.116 59 | w | 20 544 | 1 024×10 | 写数据缓冲命中 | | | | |
| 30 | 2.000 38 | w | 31 744 | 1 024×3 | 写数据缓冲命中 | | | | |
| 32 | 2.005 39 | w | 36 864 | 64 | 写数据缓冲命中 | | | | |
| 34 | 2.030 50 | w | 34 816 | 1 024×2 | **68 088** | 67 968 | 133 62<br>4 | 1 024×64 | 顺序预读 |
| 58 | 2.103 59 | w | 36 928 | 1 024×<br>29＋592 | 写数据缓冲命中 | | | | |
| 62 | 2.981 04 | w | 69 264 | 768 | 写数据缓冲命中 | | | | |
| …… | | | | | | | | | |

# 5.5　小写操作流水

在大粒度异步预读、写操作聚合的基础上，可建立基于预读、写缓存、写回的写操作流水线。其中写缓存包括写数据缓存、计算并缓存新校验数据。由于旧数据、旧校验数据已经预读到缓冲区，因此写数据到来时可直接计算新校验数据而无须等待。写回是把缓冲区中缓存的写数据、新校验数据写入 S-RAID。

在预读与写回阶段，S-RAID 与缓冲区交换数据；在写缓存阶段，应用程序与缓冲区交换数据。可在写缓存阶段，令 S-RAID 有序完成预读与写回操作，形成包含预读、写缓存、写回的流水写操作。为保证流水顺利执行，应用程序的写速率不应大于 S-RAID 最大数据传输率的一半。图 5.6 给出了 S-RAID 基于预读、写缓存、写回的理想写操作流水模型。

首先设立两个缓冲区，假设缓冲区 1 内已经预读了旧数据，应用程序写速率为 S-RAID 最大数据传输率的一半。

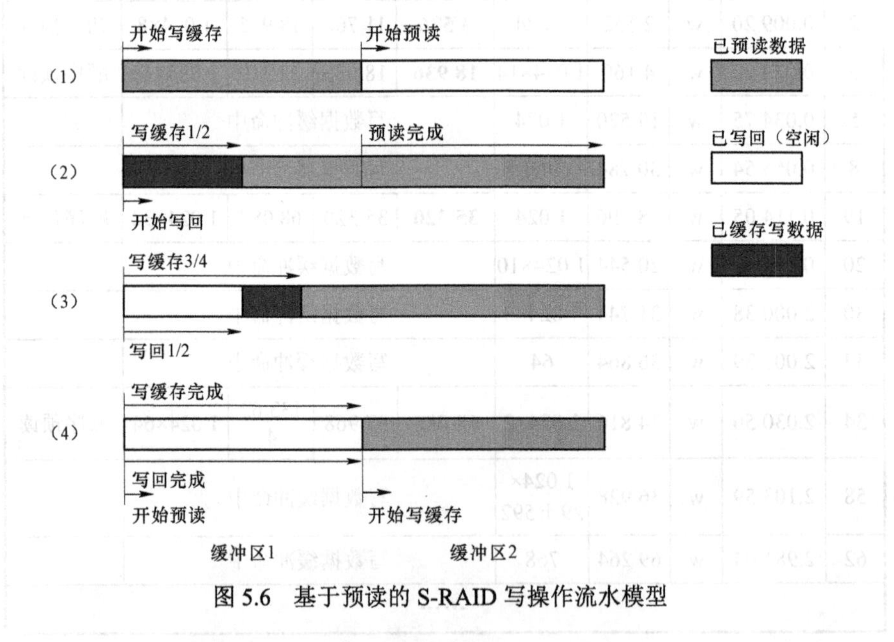

图 5.6 基于预读的 S-RAID 写操作流水模型

① 数据写入缓冲区 1 时触发顺序预读，向缓冲区 1 写数据的同时，从 S-RAID 预读旧数据到缓冲区 2；

② 预读完成时缓冲区 2 写满，缓冲区 1 的 1/2 写入了新数据，此时开始写回，将缓冲区 1 中的新数据写入 S-RAID；

③ 当缓冲区 1 的 3/4 写入新数据时，写回操作将完成 1/2；

④ 缓冲区 1 写满时，写回操作也将完成，此时缓冲区 1 中的写数据已全部写入 S-RAID。

然后开始下一轮写操作，写数据缓存到缓冲区 2，触发顺序预读，向缓冲区 2 写数据的同时，从 S-RAID 预读旧数据到缓冲区 1……新校验数据的预读、缓存和写回，与写数据过程相同，并且基本同步，因此上述流水模型省略了新校验数据的写过程。

上述写操作流水是在理想状态下进行的，可能会被一些随机磁盘访问打断。事实上，这种情况在连续数据存储中并不严重，因为在该类存储应用中，随机访问较少，通过各级 Cache 策略过滤后，传递到底层的随机磁盘访问会更少。例如在表 5.1 所示的 I/O trace 中，2 s 多时间内没有 1 个随机磁盘访问。因此实际应用中的写操作流水，会十分接近于上述写操作流水模型。

如果应用程序的写速率小于 S-RAID 最大数据传输率的一半，S-RAID 会出现一定的空闲时间，适当的空闲时间会增加 S-RAID 的抗压性。采用大粒度异步预读、写操作聚合优化措施后，S-RAID 中的单盘小写带宽将逼近磁盘持续数据传输率的一半。现代磁盘的持续传输率远大于 100 MB/s，因此 S-RAID 的单盘小写带宽一般可达 50 MB/s 以上，性能优化的效果显著。

## 5.6 实验测试

为验证上述基于预读与 I/O 聚合的 S-RAID 性能优化方法，在 RAID 层对 S-RAID 进行了性能优化。根据离线小写预读实验（5.3.5 节），设定初始预读窗口大小为 4 MB，最大预取量（max_readahead）为 32 MB；根据小写操作流水需求，为每个“疑似写顺序流”设立 2 个 32 MB 缓存区，分别用于小写预读与写缓存，在写缓存过程中进行写操作聚合。

“疑似写顺序流”的数量限定为 15，超过该限定值时回收创建时间较早、权值较小的预读数据结构，存储服务器 CPU 为 Intel（R）Core（TM）i3－2100，内存为 8 GB，主板型号为 ASUS P8B-C/SAS/4L，S-RAID 由 10 块 3TB 的希捷 ST3000DM001 磁盘组成，其 Strip 大小为 64 KB。

S-RAID 主要面向视频监控等连续数据存储，以连续写操作为主，特别是采用 NILFS 日志文件系统后，除了包含少量读操作外，将完全执行顺序写。为此，利用 Linux 的 dd 命令，生成了一个包含 2%随机读，98%顺序写的测试负载，用于测试 S-RAID 在基本工作模式下的写性能，测试结果如图 5.7 所示，进行小写预读与 I/O 聚合优化后，S-RAID 的写性能至少提高了 47%。

为进一步验证上述优化算法，利用 dd 命令生成了 2 个写顺序流 A 和 B，每个写顺序流包含 400 个大小为 512 KB 的顺序写请求，分别记作 A1，A2，…，A400 和 B1，B2，…，B400，共 800 个写请求按照 A1，B1，A2，B2，…，A400，B400 方式交织写入 S-RAID。S-RAD 在上述交织写顺序流下的写性能如图 5.8 所示，优化后 S-RAID 的写性能比原来提高了 56% 以上。通过比较图 5.7 和图 5.8，可得随着交织写顺序流的增加，所提出的优化方法的优化效果更加显著。

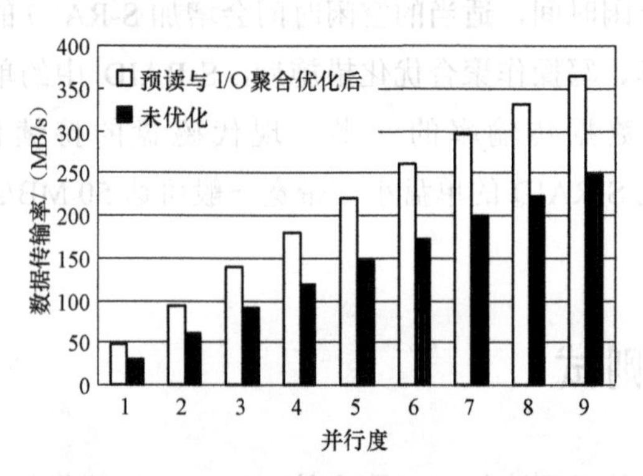


图 5.7　少量随机读干扰下的顺序写性能

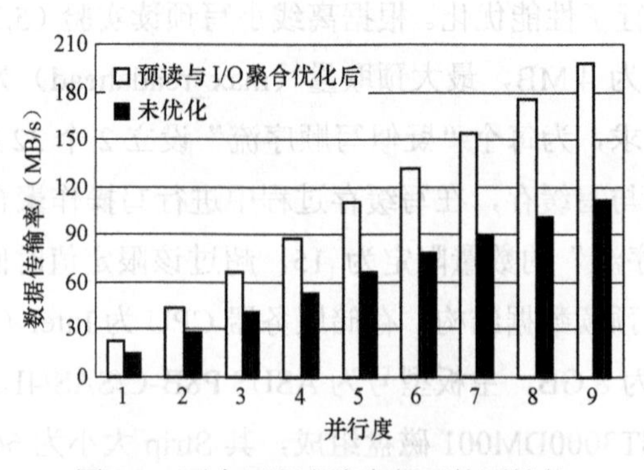


图 5.8　两个写顺序流交织下的写性能

现代磁盘具有内置预读功能，上述实验是在磁盘内置预读功能打开情况下进行的。磁盘内置预读功能与文件级预读算法一样，缺乏 RAID 级数据布局的相关知识，无法感知 S-RAID 中的磁盘状态切换，其预读具有较大盲目性。另外，由于处理器能力和缓存限制，磁盘内置预读效果会随着交织流（包括读、写交织流）的增加而显著下降。小写预读（见 5.3 节小写预读算法）主要在 S-RAID 空闲时进行，因此对 S-RAID 读性能的影响可以忽略。

## 5.7　本章小结

本章针对 S-RAID 存在的小写问题，提出了一种基于预读与 I/O 聚合的性能优化方法。首先提出了面向 S-RAID 的小写预读算法，能够大粒度异步预读小写需要的旧数据、旧校验数据，有效减少读操作次数及等待时间。在此基础上，对写操作进行排序与合并，通过写聚合进一步减少写操作个数，提高写操作的平均尺寸。最后建立了基于预读、写缓存、写回的 S-RAID 写操作流水线。

该方法充分利用了连续数据存储应用的存储特性，以及现代磁盘的性能优势，可显著提高 S-RAID 的写性能，优化后 S-RAID 的单盘小写带宽逼近磁盘持续数据传输率的一半，通常可达到 50 MB/s 以上。该方法不依赖于任何额外硬件，具有更高的可用性。

# 第 6 章　面向顺序数据访问的 Ripple-RAID 阵列

## 6.1 引　言

视频监控、连续数据保护、虚拟磁带库、备份、归档等应用日益广泛。存储数据的快速增长，使该类存储系统的能耗急剧增加，对该类存储系统进行节能研究是极其必要的。该类存储系统具有特定的数据访问模式和存储特性，例如以顺序数据访问为主，对随机性能要求不高；对数据的可靠性、存储空间要求较高；以写操作为主，读操作通常回放写操作。称该类存储系统为连续数据存储系统。

基于连续数据存储系统的存储特性，本书第 3 章提出了 S-RAID 5 节能磁盘阵列，根据存储应用的实际性能需求，提供合适的局部并行度，而不是如 RAID 5 那样全局并行。局部并行便于在保证性能需求的前提下，调度空闲磁盘待机实现存储系统节能。在连续数据存储应用中，在满足性能需求及单盘容错条件下，S-RAID 5 可获得显著的节能效果。文献［78］进一步从文件系统、元数据管理等方面对 S-RAID 5 进行了优化，有效提高了 S-RAID 5 的性能和节能效果。

但是 S-RAID 5 的局部并行数据布局，会导致 S-RAID 5 基本执行“小写”操作，也称“读—改—写”操作，即写新数据时需要先读取对应的旧数据、旧校验数据，然后与新数据一起生成新校验数据后再写入存储单元，严重影响性能。与 RAID 5 等基本磁盘阵列相比，S-RAID 5 的小写问题更加突出，原因如下：

① S-RAID 5 的数据布局及优化策略（如 Cache 策略，文件系统选择与优化），均以如下内容为目标：在充分长的时间内，把 I/O 访问集中在部分并行工作的磁盘上，从而调度其他磁盘待机节能。

② 即使有机会执行重构写，S-RAID 5 通常依然会执行小写，因为执行重构写需要启动所有磁盘，会增加 S-RAID 5 的能耗。

实验测试表明，小写使 S-RAID 5 中的单盘有效写带宽极限值（100%顺序写）不到其最大写带宽的一半。为了提供额定的写性能，S-RAID 5 必须运行更多磁盘弥补小写带来的性能损失，而这会消耗更多能量，因此 S-RAID 5 的节能效率亟待提高。

## 6.2　相关研究

### 6.2.1　“小写”优化策略研究现状

已有的“小写”优化策略主要面向 RAID 5、RAID 6 等基本磁盘阵列，S-RAID 的局部并行数据布局使已有研究难以有效解决其小写问题。李明强、舒继武等提出的 DACO 磁盘架构，包括读、写、复合三种基本操作，其中复合操作采用流水技术，实现块级数据的“读—改—写”操作，容易推论 DACO 磁盘能够解决 S-RAID 的小写问题，但该磁盘目前仍处于理论研究阶段，大规模商业应用前景仍不明朗。

另一方面，连续数据存储应用以顺序访问为主，存在少量随机访问。对存储容量的需求，使磁盘成为首选存储设备。根据磁盘存储特性得知，即使少量随机访问也会显著降低磁盘性能。因此需要采取措施减少随机访问，充分发挥磁盘性能。

MAID 方法让少量额外磁盘始终处于运行状态，作为 Cache 盘保存经常访问的“热”数据，以减少对后端阵列的访问，使后端阵列具有较长的待机时间以实现节能。

在多数据卷存储系统中，Write Off-Loading 方法把待机数据卷（数据卷中的磁盘待机）的写请求，暂时重定向到存储系统中某个合适的活动数据卷上，以延长待机数据卷的待机时间，降低磁盘启停的切换频率，并在适当时机恢复重定向的写数据，该方法不适合应用于以写操作为主的连续数据存储系统节能中。

Pergamum 方法针对归档存储系统，在每个存储节点添加少量 NVRAM

来存储数据签名、元数据等小规模数据项，从而使元数据请求及磁盘间的数据验证等操作，均可在磁盘待机状态下进行。由于归档系统的数据访问方式比较简单，如仅写一次、多次读取、新写数据与旧数据不相关等，该方法不适合一般的连续数据存储应用，如在视频监控系统中，当存储空间写满后，会删除最早的视频数据以容纳新数据，需要执行多次写操作。

Li 等提出的 EERAID 模型，将 RAID 内部的冗余信息、I/O 调度策略、Cache 管理策略结合起来，并采用 NVRAM 优化写操作，使冗余磁盘可长时间待机节能。在此基础上该小组又提出了 eRAID，利用 RAID 中的冗余特性来重定向 I/O 请求，进一步延长冗余磁盘的待机时间，并将系统性能的降低控制在一个可接受的范围内。

综合上述存储系统已有的节能研究，主要面向以随机数据访问为主的数据中心，如联机事务处理、Web 应用等，没有充分利用连续数据存储系统的存储特性，因此应用到连续数据存储系统中其节能效果有限。连续数据存储系统存在着足够的节能优化空间，需要结合“小写”操作的特点开展针对性的节能策略研究。

### 6.2.2 SSD 分级存储及其在节能研究中的应用

存储领域正经历着巨大、深刻的技术变革，在两个方面引领着技术发展的潮流。

首先，以 NAND Flash 为代表的半导体存储器件开始大规模应用到存储领域，其他类型存储器，如磁介质随机存储器（Magnetic Random Access Memory，MRAM）、相变存储器（Phase Change Memory，PCM）等也日渐成熟。基于上述存储器的固态盘 SSD 已经成为一种重要的外部存储设备。SSD 具有突出的随机读写性能以及低功耗等特点，但受限于存储单元集成度和单位存储价格，在可预见的将来，SSD 仍难以在海量数据存储中彻底取代磁盘。而同时，磁盘技术仍在不断进步，通过采取各种有效方法减小寻道时间，磁盘性能保持了 40%的年增长率。磁盘的顺序读、写性能非常突出，如 7 200 r/min 的希捷 ST32000644NS 磁盘，其最大持续数据传输率为 140 MB/s，与基于 NAND FLASH 的中端 SSD 相当。磁盘在存储容量方面更具有突出优势，在采用垂直记录技术后，2014 年记录密度从当前的每平方英寸最高 1.2 × 240 增加到了 2.4 × 240 比特（bit）。

其次，大数据日益受到密切关注，大数据具备 4 个特点，即数据量（Volume）大、数据类型（Variety）多、价值密度（Value）低和处理速度（Velocity）快，这些特点对云（Cloud）中的存储服务——云存储技术提出了严格要求，既要具有海量存储空间，又要能够提供足够的存储性能。而目前的 SSD、磁盘等外存储器，均无法单独满足以上存储需求。

因此构建基于 SSD 与磁盘混合的、分层存储系统是节能研究的一个发展趋势。SSD 主要面向随机性、波动性和突发性的工作负载；磁盘存储主要面向稳定的工作负载或者与 SSD 之间进行稳定的数据传输，以顺序数据访问为主，同时满足存储容量的需求。可以预测随着 SSD 更大规模进入存储领域，云存储中 SSD 层的容量将逐渐扩大，进而成为主要存储层；而后端的磁盘阵列功能，将逐渐退化为近似于备份、归档的功能，以顺序访问为主的存储层。因此在未来云存储广泛应用的大环境下，需要一种面向顺序数据访问的高效能磁盘阵列，在充分发挥磁盘顺序读写性能的同时，具有更高的节能效率。

对磁盘的节能研究只有在满足性能需求的前提下才有意义。根据对平均响应时间、最大响应时间的敏感度，文献[65]把存储应用分成不同的类型，存储应用性能需求的多样性，要求根据具体应用的存储特性、性能需求开展具有针对性的节能研究，这是存储系统节能研究的又一个发展趋势。

### 6.2.3 Ripple-RAID 磁盘阵列

基于存储系统节能研究的发展趋势，针对 S-RAID 带来的“小写”问题以及云存储环境下连续数据存储应用，本节提出一种面向连续数据存储的高效能磁盘阵列——Ripple-RAID，Ripple-RAID 采用了局部并行数据布局，在继承 S-RAID 中局部并行策略的基础上，重新进行了数据布局设计，Ripple-RAID 综合运用了多个节能及布局策略，以实现高 I/O 性能和高节能效率。

Ripple-RAID 主要采用了如下策略：

① 数据异地更新的策略并结合 SSD、Cache 存储介质更加有效地解决“小写”问题；

② 采用渐进式校验生成策略以降低磁盘读写和校验过程中的能耗，根据缓冲数据区中的数据（初始时无数据），生成其校验数据，随着写入数据的增加，校验数据的校验范围也渐进扩大，直至覆盖整个数据缓冲区；

③ 采用 SSD 结合渐进式生成校验，更加有效地降低磁盘能耗；

④ 采用 Cache 优化策略将 Cache 划分出普通数据优化应用 Cache 和校验优化 Cache，针对小规模数据项和数据校验对能耗的影响采取相应策略达到节能目的。

Ripple-RAID 采用适度贪婪的地址分配策略，所以由分组切换而启动磁盘的次数要略多于 S-RAID，但磁盘启动与待机的时间间隔仍然足够长，因此对节能与磁盘寿命的影响可以忽略。

Ripple-RAID 采用的是一种不断推进式的数据校验方式，校验数据的校验范围如同水中涟漪一样不断扩大，因此该磁盘阵列命名为 Ripple-RAID。本章首先提出了 Ripple RAID 磁盘阵列模式，介绍了其数据布局及性能优化策略，并对这些策略进行了验证，最后对其节能效果进行实验测试。

实验结果表明，在具有相同节能效果和容错能力的条件下，Ripple-RAID 在将非连续写转化为连续写上效果较好，性能相比 S-RAID 也有明显提高，但在读性能上，Ripple-RAID 比 S-RAID 略有降低，但考虑到其主要应用于如视频监控等连续数据存储，因此在读性能的指标上可适当放宽。

Ripple-RAID 在单盘容错的条件下，既保持了局部并行的节能性，又解决了局部并行带来的小写问题，具有突出的写性能和节能效率。实验表明：在 80%顺序写负载下，请求长度为 512 KB 时，Ripple-RAID 性能有了显著提升，其写性能为 S-RAID 5 的 3.9 倍，Hibernator、MAID 写性能的 1.9 倍，PARAID、eRAID 5 写性能的 0.49 倍；而比 S-RAID 5 节能 20%，比 Hibernator、MAID 节能 33%，比 eRAID 节能 70%，比 PARAID 节能 72%。连续数据存储中的读操作以数据回放（重复某时间段内的写操作）为主，Ripple-RAID 也具有与写性能接近的读性能。

# 6.3 Ripple-RAID 数据布局

Ripple-RAID 的数据布局由 $N$ 块磁盘组成，采用了与 S-RAID 5 类似的数据布局，每个磁盘平均分成 $N+1$ 个存储区（严格定义应为 $kN+1$ 个存储区，$k$ 为大于 0 的整数通常取 1，这里以 $k=1$ 为例进行说明），每个存储区称为 Band。$N$ 个相同偏移量的 Band 组成一个 Bank，共组成 $N+1$ 个 Bank，任取其一作为影子 Bank（Shadow Bank），其余为基本 Bank（Data Bank）。

下面分别给出 Ripple-RAID 5 布局和 Ripple-RAID 6 布局及其地址分配策略。

## 6.3.1 Ripple-RAID 5 数据布局

Ripple-RAID 5 中，每个基本 Bank 包含 1 个校验 Band，$N$-1 个数据 Band，在基本 Bank $i$ 中校验 Band 记为 PBand $i$，位于磁盘 $N-1-i$；第 $v$ 个数据 Band 记为 DBand（$i$，$v$），当 $i+v<N-1$ 时，DBand（$i$，$v$）位于磁盘 $v$；否则位于磁盘 $v+1$，其中 $0 \leqslant i<N$，$0 \leqslant v<N-1$。PBand $i$ 的值可通过异或运算求得。

图 6.1 给出了一个包含 5 个磁盘的 Ripple-RAID 5 的总体数据布局。

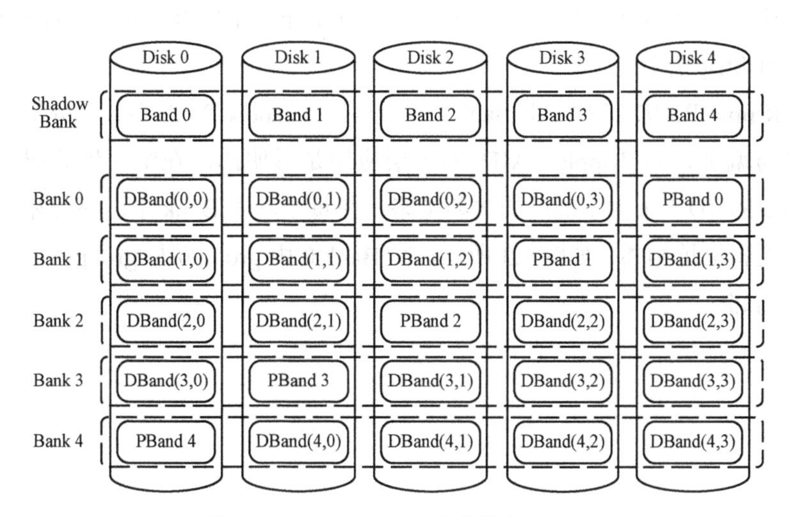


图 6.1　Ripple-RAID 5 的总体数据布局

令每个 Band 包含 $M$ 个大小相等的 Strip（也称 Chunk，由一些地址连续的数据块组成），每个 Bank 中相同偏移量的 Strip 组成一个条带（Stripe），这里的 Strip、Stripe 和 RAID 5 中的 Strip、Stripe 的含义基本相同，但在 Strip 间的地址分配上明显不同。为表述方便，把 PBand 中的 Strip 称为 PStrip。图 6.2 给出了上述 Ripple-RAID 内基本 Bank 0 的数据组织方式。

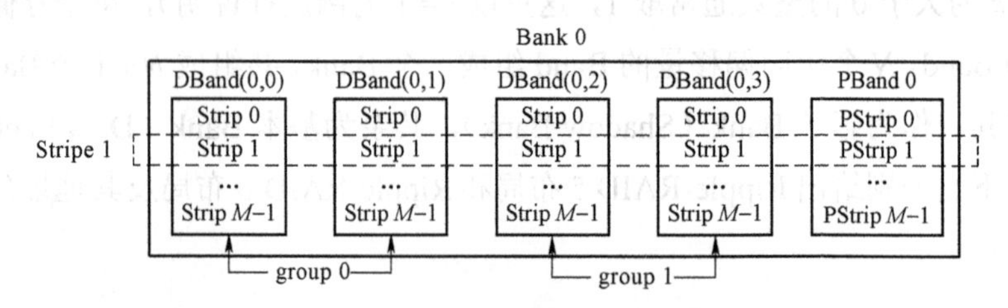


图 6.2　Ripple-RAID 5 内基本 Bank 0 的数据组织方式

为了提供合适的性能，Ripple-RAID 采用如下局部并行数据布局：把每个基本 Bank 中的 $N$-1 个数据 Band 平均分成 $P$ 组，每组包含 $Q$ 个。每组中偏移量相同的 Strip 能够被并行访问，每个 Stripe 中仅部分 Strip 提供并行性。如图 6.2 所示，Bank 0 包含 2 个组（group），每组含有 2 个数据 Band（$P$=2、$Q$=2），其中 group 0 包含 DBand(0，0）和 DBand(0，1），group 1 包含 DBand(0，2）和 DBand(0，3）。在 group 0 中，DBand(0，0）的 Strip 1 和 DBand(0，1）的 Strip 1 并行工作，不像 RAID 5 那样 Stripe 中所有 Strip 并行工作。

Ripple-RAID 仅对基本 Bank 进行分组，Shadow Bank 不参与分组，也不参与编址，对 Ripple-RAID 的上层应用是透明的。在组地址分配上，Ripple-RAID 5 采用了适度的贪婪策略：在每个基本 Bank 中，序号相邻的组的逻辑地址相邻。如图 6.3 所示，在 Bank 0 中 group 0 与 group 1 的逻辑地址相邻。

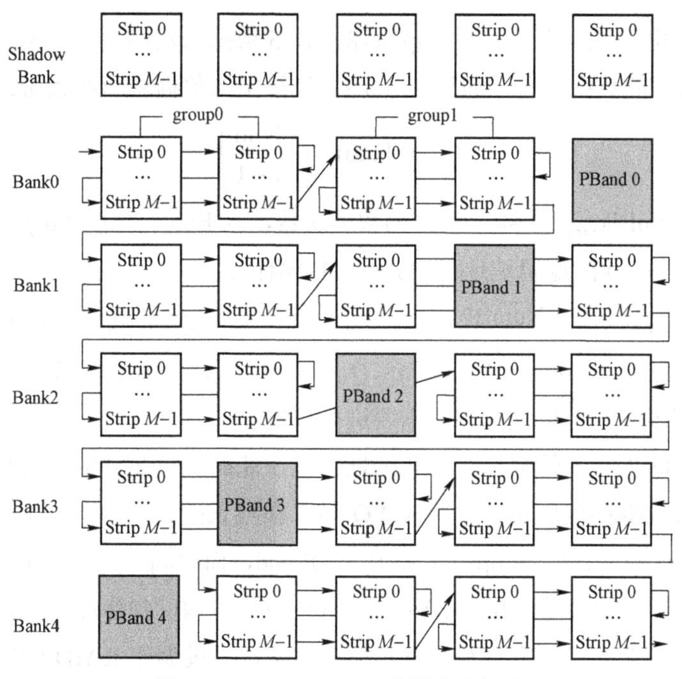


图 6.3　Ripple-RAID 5 地址分配策略

推广至一般情况，使用矩阵表述一个由 $N$ 块磁盘（Disk）组成、划分为 $M$ 个条带（Strip）（其中每 $k$ 个条带组成一个条带组）的 Ripple-RAID 5 如图 6.4 所示。

$$
\begin{bmatrix}
B_0 & B_1 & \cdots & B_{n-2} & B_{n-1} \\
\mathrm{DB}_{0,0} & \mathrm{DB}_{0,1} & \cdots & \mathrm{DB}_{0,n-2} & \mathrm{DB}_0 \\
\mathrm{DB}_{1,0} & \mathrm{DB}_{1,1} & \cdots & \mathrm{PB}_1 & \mathrm{DB}_{1,n-2} \\
\vdots & \vdots & \ddots & \vdots & \vdots \\
\mathrm{DB}_{n-2,0} & \mathrm{PB}_{n-2} & \cdots & \mathrm{DB}_{n-2,n-3} & \mathrm{DB}_{n-2,n-2} \\
\mathrm{PB}_{n-1} & \mathrm{DB}_{n-1,0} & \cdots & \mathrm{DB}_{n-1,n-3} & \mathrm{DB}_{n-1,n-2}
\end{bmatrix}
$$

图 6.4　Ripple-RAID 5 矩阵表示

PBand $i$ 的值由 Stripe 中的 DBand $i$ 异或生成，由式（6.1）给出：

$$
\mathrm{PB}_i = \mathrm{DB}_{i,0} \oplus \mathrm{DB}_{i,1} \oplus \cdots \oplus \mathrm{DB}_{i,n-2} \tag{6.1}
$$

其数学表示公式如下：

$$
\mathrm{PBand}\ i = \bigoplus_{v=0}^{N-2} \mathrm{DBand}(i,v) \tag{6.2}
$$

对于由 $N$ 块磁盘组成的 Ripple-RAID 5 数据布局结构，任意逻辑块地址为 blkno 的数据块可以通过式（6.3）计算出该数据块所在条带：

$$f_{\text{Stripe}}(\text{blkno}) = \left\lfloor \frac{\text{blkno}}{N-1} \right\rfloor \tag{6.3}$$

设 $\text{NumBlk}_{\text{Strip}}$ 为 Strip 包含的数据块数，则 Bank $i$、group $p$、Band $q$ 中第 $m$ 个 Strip 的逻辑地址可由式（6.4）给出：

$$\text{Strip}_{i,p,q,m}(\text{addr}) = \text{NumBlk}_{\text{Strip}}(M \bullet Q \bullet P \bullet i + M \bullet Q \bullet p + Q \bullet m + q) \tag{6.4}$$

其中，$0 \leqslant p < P$，$0 \leqslant i < N$，$0 \leqslant q < Q$，$0 \leqslant m < M$，在 Ripple-RAID 中 Strip 大小没有限制，可以根据实际需要进行设置。

Ripple-RAID 的数据布局和编址方式，能够提供足够的并行度，并且对于连续数据存储应用，可保证 I/O 请求在很长的时间内，集中在一个或几个 group 中（1 个 group 可包括几个 DBand，而 Ripple-RAID 中的 DBand 又足够大），其他多数磁盘有足够长的待机时间，可调度到待机模式节约能耗。

需要说明的是，在连续数据存储应用中，通过调整 RAID 5 中 Strip 的大小，不能获得与 Ripple-RAID 类似的节能效果，原因如下：

① 如果 RAID 5 的 Strip 足够大，执行读写请求时，单个磁盘的访问时间将被延长，在很长一段时间内仅有一个磁盘被访问，因而难以提供足够的并行性以满足性能需求；

② 如果 RAID 5 的 Strip 不够大，则同一条带（Stripe）中的 Strip 在较短时间内会被频繁访问，没有机会调度磁盘待机节能。

### 6.3.2 Ripple-RAID 6 数据布局

在 $N$ 个磁盘组成的 Ripple-RAID 6 中，每个基本 Bank 包含 2 个校验 Band，PBand 和 QBand，$N$-2 个数据 Band，在基本 Bank $i$ 中校验 Band 记为 PBand $i$ 和 QBand $i$，位于磁盘 $N-1-i$ 和 $N-i$；第 $v$ 个数据 Band 记为 DBand($i$，$v$)，当 $i+v<N-1$ 时 DBand($i$，$v$）位于磁盘 $v$，否则位于磁盘 $v+1$，其中 $0 \leqslant i < N$，$0 \leqslant v < N-1$。PBand $i$ 的值可通过异或运算求得，QBand $i$ 的值可通过迦罗华域的运算求得。

图 6.5 给出了一个包含 6 个磁盘的 Ripple-RAID 6 的总体数据布局。

Ripple-RAID 6 的基本 Bank 的数据组织方式类似于 Ripple-RAID 5。

Ripple-RAID 6 同样只对基本 Bank 进行分组，Shadow Bank 不参与分组，也不参与编址，对 Ripple-RAID 6 的上层应用是透明的。在组地址分配上，Ripple-RAID 6 也是采用了适度的贪婪策略：在每个基本 Bank 中，序号相邻的组的逻辑地址相邻。如图 6.6 所示，在 Bank 0 中 group 0 与 group 1 的逻辑地址相邻。

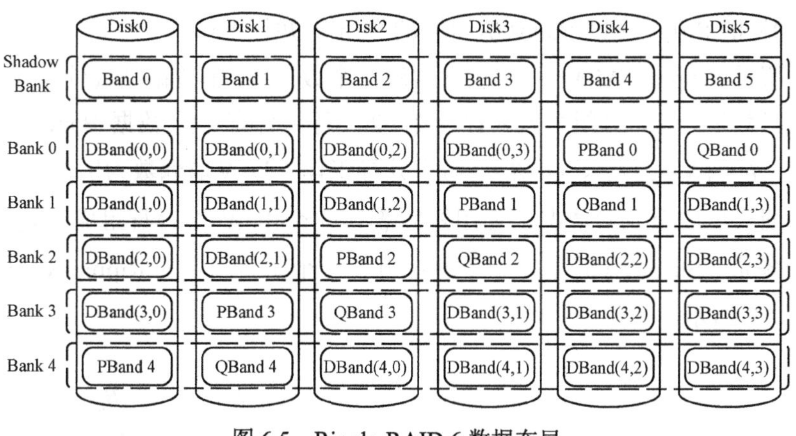


图 6.5　Ripple-RAID 6 数据布局

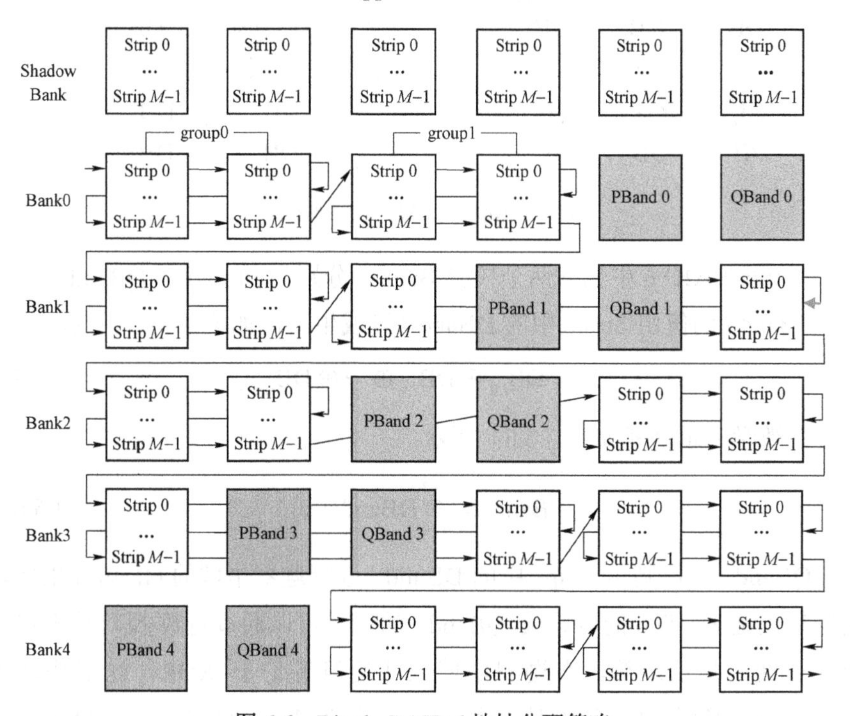


图 6.6　Ripple-RAID 6 地址分配策略

Ripple-RAID 6 把每个基本 Bank 中的 4 个数据 Band 平均分成 $P$ 组，每组包含 $Q$ 个。每组中偏移量相同的 Strip 能够被并行访问，每个 Stripe 中仅部分 Strip 提供并行性。Bank $i$ 包含 2 个组（group），每组含有 2 个数据 Band（$P=2$、$Q=2$），其中 group 0 包含 DBand(0，0) 和 DBand(0，1)，group 1 包含 DBand(0，2) 和 DBand(0，3)。在 group 0 中，DBand(0，0) 的 Strip 1 和 DBand(0，1) 的 Strip 1 并行工作。

假设 Ripple-RAID 6 中所包含的磁盘个数为 $N$，则数据盘数量为 $N-2$，校验盘数量为 2，分组个数为 $(N-2)/2$，每组含有 2 个数据 Band（参数设置：$P=(N-2)/2$、$Q=2$），组内并行工作（以 $N$ 取偶数为例）。

同样推广至一般情况，使用矩阵表述一个由 $N$ 块磁盘组成、划分为 $M$ 个条带（Stripe）（其中每 $k$ 个条带组成一个条带组）的 Ripple-RAID 6，如图 6.7 所示。

$$
\begin{matrix}
B_0 & B_1 & B_2 & \cdots & B_{n-3} & B_{n-2} & B_{n-1} \\
\mathrm{DB}_{0,0} & \mathrm{DB}_{0,1} & \mathrm{DB}_{0,2} & \cdots & \mathrm{DB}_{0,n-3} & \mathrm{PB}_0 & \mathrm{QB}_0 \\
\mathrm{DB}_{1,0} & \mathrm{DB}_{1,1} & \mathrm{DB}_{1,2} & \cdots & \mathrm{PB}_1 & \mathrm{QB}_1 & \mathrm{DB}_{1,n-3} \\
\vdots & \vdots & \vdots & \ddots & \vdots & \vdots & \vdots \\
\mathrm{DB}_{n-2,0} & \mathrm{PB}_{n-2} & \mathrm{QB}_{n-2} & \cdots & \mathrm{DB}_{n-2,n-5} & \mathrm{DB}_{n-2,n-4} & \mathrm{DB}_{n-2,n-3} \\
\mathrm{PB}_{n-1} & \mathrm{QB}_{n-1} & \mathrm{DB}_{n-1,0} & \cdots & \mathrm{DB}_{n-1,n-5} & \mathrm{DB}_{n-1,n-4} & \mathrm{DB}_{n-1,n-3}
\end{matrix}
$$

图 6.7 Ripple-RAID 6 矩阵表示

Ripple-RAID 6 中包含两个校验 Band，分别为 PBand 和 QBand。

PBand $i$ 的值由 Stripe 中的 DBand $i$ 异或生成，如式（6.5）所示：

$$\mathrm{PB}_i = \mathrm{DB}_{i,0} \oplus \mathrm{DB}_{i,1} \oplus \cdots \oplus \mathrm{DB}_{i,n-3} \tag{6.5}$$

其数学表示公式如式（6.6）所示：

$$\mathrm{PBand}\ i = \bigoplus_{v=0}^{n-3} \mathrm{DBand}(i,v) \tag{6.6}$$

QBand $i$ 的值则由 Stripe 中的 DBand $i$ 进行迦罗华域的 GF 运算生成，迦罗华域是 RAID 6 的运算域，QBand $i$ 的运算可以通过对数/反对数表格转换成普通的加法运算，在迦罗华域加法运算等价于 XOR，迦罗华域中 QBand $i$ 校验码的计算量不是很大，主要是通过查表（可采用 SRAM、Cache

存储这些表格，见本章后续 Cache 优化策略）和异或操作完成。Intel 的处理器提供了 SSE 指令集，可以采用 SSE 指令实现对 Ripple-RAID 6 的 QBand $i$ 运算的加速。

QBand $i$ 的值的生成可由式（6.7）计算得到：

$$\mathrm{QB}_i = \mathrm{GF}(\mathrm{DB}_{i,0}) \oplus \mathrm{GF}(\mathrm{DB}_{i,1}) \oplus \cdots \oplus \mathrm{GF}(\mathrm{DB}_{i,n-3}) \qquad (6.7)$$

其数学表示如式（6.8）所示：

$$\text{QBand } i = \bigoplus_{v=0}^{n-3} \mathrm{GF}(\mathrm{DBand}(i,v)) \qquad (6.8)$$

其中 GF 运算符为 RAID 6 迦罗华域的求和运算符（异或操作）。

Ripple-RAID 6 中 Strip 的逻辑地址计算方法同 Ripple-RAID 5。

### 6.3.3　Ripple-RAID 数据容错及恢复

Ripple-RAID 采用了 Shadow Bank 取代 Data Bank 的异地写数据策略，因此需要执行相应的数据恢复策略，Ripple-RAID 5 采用了分布式校验、单盘容错；Ripple-RAID 6 则为分布式校验、双盘容错。本节以 Ripple-RAID 5 为例，证明其具有单盘容错能力，在相关证明的基础上数据恢复策略可通过其证明过程得出。

假设 Ripple-RAID 包含 $N$ 块磁盘，其中的 $N+1$ 个 Bank 分为 1 个为 Shadow Bank 和 $N$ 个 Data Bank，每个 Data Bank 包含 $N$-1 数据 Band（分成 $P$ 组，每组 $Q$ 个）和 1 个校验 Band，Band 大小均为 $M$ 个 Strip。按当前状态（是否正在被更新）把 Data Bank 分为活跃 Bank（Active Bank）和睡眠 Bank（Inactive Bank）两类，Shadow Bank 的数据组织方式与活跃 Bank 相同。

由于地址映射后执行顺序写，因此在确定时间内只有 1 个 Data Bank 被更新，即只有 1 个活跃 Bank，其余皆为睡眠 Bank。为便于理解，证明过程中给出了 1 个 Ripple-RAID 示例，包括 7 块磁盘，分为 1 个 Shadow Bank 和 7 个 Data Bank，每个 Data Bank 中的数据 Band 分为 3 组，每组包含 2 个数据 Band，即 $P=3$，$Q=2$。

情况 1：对于睡眠 Bank，其任一条带 Stripe $m$ 包含 $P \bullet Q$ 个 Strip $m$，

被平均分成 $P$ 组，每组包含 $Q$ 个，$0\leqslant m<M$，如图 6.8 所示，假设当前睡眠状态 Bank 为 Bank 1。

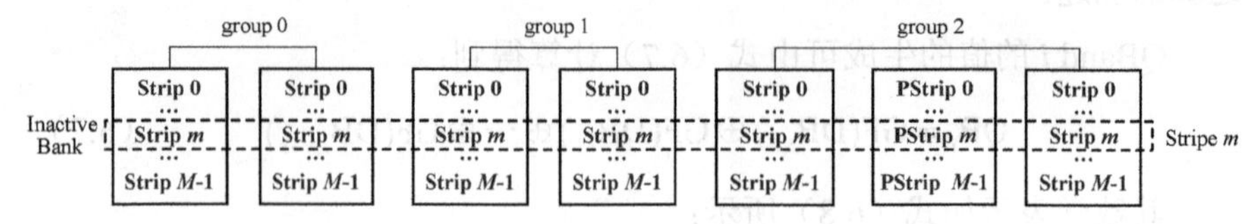


图 6.8　Ripple-RAID 中睡眠 Bank 的数据恢复

根据 Ripple-RAID 的写过程得式（6.9）成立，当根据式（6.9）生成 PStrip $m$ 后，直到该睡眠 Bank 成为活跃 Bank 之前，该条带中的 $P\cdot Q$ 个 Strip $m$ 以及 PStrip $m$ 均没有被修改过，已建立的校验关系有效。因此任一磁盘出现故障时，可根据式（6.9）实现数据恢复。

$$\text{PStrip}\,m=\underbrace{\overbrace{\text{Strip}\,m\oplus\cdots\oplus\text{Strip}\,m)}^{Q个}\oplus(\overbrace{\text{Strip}\,m\oplus\cdots\oplus\text{Strip}\,m)}^{Q个}\oplus\cdots\oplus(\overbrace{\text{Strip}\,m\oplus\cdots\oplus\text{Strip}\,m}^{Q个})}_{p组}\tag{6.9}$$

情况 2：对于活跃 Bank，以最后一次局部并行写为分界线，分界线之前为已写区，其后为待写区。设分界线位于第 $p$ 组中偏移量为 $m$ 的 Strip 之后，$0\leqslant p<P$，$0\leqslant m<M$。例如图 6.9 中活跃 Bank（假设为 Bank 0）的分界线位于第 1 组（$p=1$）中偏移量为 $m$ 的 Strip 之后（活跃 Bank 的已写区为正体，待写区为正体加粗）。

① 对于活跃 Bank 的已写区数据，由于对应的新数据及其校验数据全部写入 Shadow Bank（斜体），所以在影子 Bank 中具有完整、有效的校验关系。对于影子 Bank 中的条带 Stripe $k$，当 $0\leqslant k\leqslant m$ 时，其校验关系见式（6.10）：

$$\text{PStrip}\,k=\underbrace{\overbrace{\text{Strip}\,k\oplus\cdots\oplus\text{Strip}\,k)}^{Q个}\oplus(\overbrace{\text{Strip}\,k\oplus\cdots\oplus\text{Strip}\,k)}^{Q个}\oplus\cdots\oplus(\overbrace{\text{Strip}\,k\oplus\cdots\oplus\text{Strip}\,k}^{Q个})}_{p+1组}\tag{6.10}$$

如图 6.9 中影子 Bank 的 Stripe 0，有 2 组共 4 个（每组 2 个）Strip 0

参与校验，×表示该数据未参与本条带校验运算。当 $m<k<M$ 时，在影子 Bank 中存在条带 Stripe $k$（仅当 $p\geqslant 1$ 时存在该情况），其校验关系见式（6.11）：

$$
\text{PStrip}\,k=\underbrace{\overbrace{(\text{Strip}\,k\oplus\cdots\oplus\text{Strip}\,k)}^{Q\text{个}}\oplus\overbrace{(\text{Strip}\,k\oplus\cdots\oplus\text{Strip}\,k)}^{Q\text{个}}\oplus\cdots\oplus\overbrace{(\text{Strip}\,k\oplus\cdots\oplus\text{Strip}\,k)}^{Q\text{个}}}_{p\text{组}} \tag{6.11}
$$

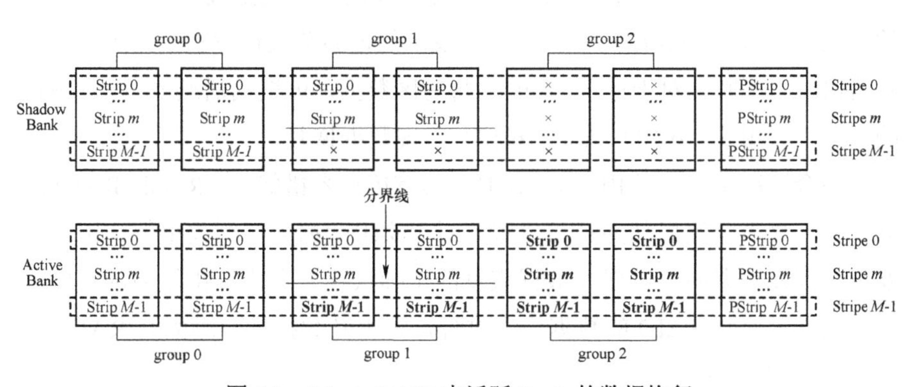


图 6.9 Ripple-RAID 中活跃 Bank 的数据恢复

如图 6.9 中影子 Bank 的 Stripe $M$-1，有 1 组（$p=1$）共 2 个（每组 2 个）Strip $M$-1 参与校验。因此任一磁盘出现故障时，对于活跃 Bank 的已写区数据，可根据影子 Bank 中条带的位置，利用式（6.10）或式（6.11）实现数据恢复。

② 对于活跃 Bank 的待写区数据，当 $0\leqslant k\leqslant m$ 时，条带 Stripe $k$ 的校验关系见式（6.12）：

$$
\text{PStrip}\,k=\underbrace{\underbrace{\overbrace{(\text{Strip}\,k\oplus\cdots\oplus\text{Strip}\,k)}^{Q\text{个}}\oplus\cdots\oplus\overbrace{(\text{Strip}\,k\oplus\cdots\oplus\text{Strip}\,k)}^{Q\text{个}}}_{p+1\text{组}}\oplus\cdots\oplus\overbrace{(\text{Strip}\,k\oplus\cdots\oplus\text{Strip}\,k)}^{Q\text{个}}}_{P\text{组}} \tag{6.12}
$$

其中包括的 $p+1$ 组位于活跃 Bank 已写区的数据，如图 6.9 中活跃 Bank 的 Stripe 0，有 2 组（$p=1$）数据位于已写区。当 $m<k<M$ 时，条带 Stripe $k$ 的校验关系见式（6.13）：

$$\text{PStrip}\,k = \underbrace{\overbrace{(\text{Strip}\,k \oplus \cdots \oplus \text{Strip}\,k)}^{Q个} \oplus \cdots \oplus \overbrace{(\text{Strip}\,k \oplus \cdots \oplus \text{Strip}\,k)}^{Q个}}_{p组} \oplus \cdots \oplus \underbrace{\overbrace{(\text{Strip}\,k \oplus \cdots \oplus \text{Strip}\,p\,k)}^{Q个}}_{P组} \tag{6.13}$$

其中包括 $p$ 组位于活跃 Bank 已写区的数据，如图 6.9 中活跃 Bank 的 Stripe $M$-1，有 1 组（$p=1$）数据位于已写区。由于活跃 Bank 中已写区数据，在校验关系建立后，并没有被真正修改过（新数据被写入影子 Bank 的对应位置），式（6.12）、式（6.13）表示的校验关系仍然有效，因此任一磁盘出现故障时，对于活跃 Bank 的待写区数据，可根据活跃 Bank 中条带的位置，利用式（6.12）或式（6.13）实现数据恢复。

综合情况①、②得 Ripple-RAID 5 具有单盘容错能力。Ripple-RAID 的分界线（最后一次局部并行写位置）对于实现数据恢复至关重要，因此需要记录到元数据中，以保证数据恢复的正确执行。上述容错能力的证明过程，也是 Ripple-RAID 的数据恢复过程，可得其数据恢复时间与 RAID 5、S-RAID 5 相当。

## 6.4 基于写操作优化和流水式校验的节能策略

Ripple-RAID 磁盘阵列主要通过写操作优化和流水式生成校验的策略来实现在不降低系统性能的前提下提高节能效率。

写操作优化策略主要是实现将非顺序写转换成顺序写，通过地址映射和异地更新的方法将影子数据块（Shadow Bank）代替源数据块（Data Bank），从而使得 Data Bank 所在磁盘可以长时间处于待机状态以降低能耗。

数据校验生成策略采用流水方式读取已有校验并与新写入数据生成新校验，可有效解决局部并行带来的小写问题，流水方式生成校验数据时不需读取旧数据，从而有效地避免了写新数据需要读取旧数据所带来的读写能耗问题。

### 6.4.1　写操作优化

写操作优化策略主要采用地址映射和异地数据更新实现将非顺序访问转换为顺序访问。

顺序数据访问能够充分发挥磁盘性能，如日志文件系统创建或改写文件时，新数据以顺序写方式添加到日志中；网络文件系统 Zebra 把每个客户端的写数据组成一个连续的日志，条带化后分布存储到各服务器上。以上方法均把多个小的、随机写操作转换为大的、顺序写操作，以提高存储系统的写性能。

连续数据存储系统非常适合进行地址映射，首先该类系统以写操作为主，把非顺序写转换为顺序写后，可显著提高写性能和整体性能；其次读操作以数据回放为主，即重复以前某时间段内的写操作，如视频监控中的视频回放等，通常可获得与写性能接近的读性能。

常见的地址映射方法有单块映射和块组映射，单块映射需要记录每个数据块的映射关系，多块映射时效率不高，典型应用有 NILFS 文件系统。块组映射以若干个连续数据块为单位进行映射，多块映射时效率高，但存在块组数据的“读写”问题，即改写块组中部分数据时，需要读取其余未修改数据，与新数据一起重新进行地址映射，典型应用有 HP AutoRAID，块组大小为 64 KB。

连续数据存储系统以写新数据为主，较少进行改写操作，适合采用块组映射，地址映射信息为存储容量的 8/（1 024 $x$），其中 8 个字节（64 位）记录一个块组地址，$x$ 为块组大小，以 KB 为单位。当 Ripple-RAID 的存储容量为 30 TB，块组大小为 64 KB 时，地址映射信息仅为 3.67 GB，适合采用 SSD 进行存储，运行时甚至可以完全调入内存，以加快读、写操作中的地址转换速度。

把非顺序写转换为顺序写，需要面对垃圾回收问题，垃圾存储空间是改写操作产生的，在连续数据存储中，如视频监控、CDP、备份、归档等应用，改写的数据量不大，可在负载较轻时进行垃圾回收；如果追求性能，也可牺牲少量存储空间而忽略垃圾回收。

地址映射把非连续的虚拟地址映射为连续的物理地址，并在映射表中记录映射关系，其中虚拟地址为应用程序发来的读写请求地址，物理地址为数据在 Ripple-RAID 内的存储地址（Shadow Band 不参与编址）。在此基础上 Ripple-RAID 执行异地数据更新：向某物理地址写数据时，数据不直接写入该地址，而是写入其影子地址（影子 Bank 即 Shadow Bank 中与其偏移量相同的地址），并在适当时候修改映射表，令影子地址取代该物理地址。

假设 Ripple-RAID 由 $N$ 块磁盘组成，划分出 $N+1$ 个 Bank，任取其一作为影子 Bank（Shadow Bank），其余为基本 Bank（Data Bank），则 Ripple-RAID 的异地数据更新流程如下：

① 向某基本 Bank 即 Data Bank 写数据时，数据并不直接写入该 Bank，而是写入 Shadow Bank；

② 根据写入数据、Shadow Bank 中已写数据的校验数据运算，生成 Shadow Bank 的新校验数据；

③ 判断数据写入是否结束，若结束，转到⑤；

④ 判断 Shadow Bank 是否写满，没写满转到①；

⑤ 修改地址映射关系，令 Shadow Bank 取代 Data Bank，本次循环结束；

⑥ 被取代的 Data Bank 此时无映射关系，可在下一循环中作为 Shadow Bank。

在以上写操作过程中，由于进行了地址映射，所以是依次向每个基本 Bank 顺序写入数据，而不会同时向两个基本 Bank 写数据，也不会在一个基本 Bank 没有写满的情况下，向另外一个基本 Bank 写数据。

### 6.4.2 流水式校验生成

数据校验方式主要分为单块流水校验生成、双块交替流水校验生成和 SSD 流水校验生成。所产生的校验数据存放于 Shadow Bank 中，Shadow Bank 的校验数据是根据本次循环中已写数据生成的，称为局部校验数据。在写新数据时，可根据新数据、局部校验数据计算新校验数据，不需读取旧数据。随着写数据的增加，局部校验数据的校验范围也渐进扩大，直至扩展到整个 Shadow Bank。

（1）单块流水校验生成方式

渐进生成校验数据时，不需读取旧数据，仅需读取局部校验数据，因此可增加一个辅助存储设备，与 Shadow Bank 中校验数据所在磁盘，以流水方式生成新校验（1 个读局部校验数据，1 个写新校验），此时可有效消除读校验数据对写性能的影响。

图 6.10 给出了一个 Ripple-RAID 的写操作示例，其中每个 Bank 包含 3 个 group，IParity（Intermediate Parity）为单块辅助存储设备，暂存 Shadow Bank 中的局部校验数据，与 PBand 容量相同，阴影部分为局部校验数据的校验范围。

具体执行过程如下：

① 向任一 Data Bank（源 Bank）的 group 0 写数据时，数据实际写入 Shadow Bank 的 group 0，并生成 group 0 的校验，写入 Shadow Bank 的 PBand，如图 6.10（a）所示；

② group 0 写满后，向 Shadow Bank 的 group 1 写数据时，根据所写数据、局部校验（group 0 的校验，存储于 Shadow Bank 的 PBand 中），生成新校验（group 0，group1 的校验结果）写入 IParity，如图 6.10（b）所示；

③ group 1 写满后，向 Shadow Bank 的 group 2 写数据时，根据写数据、局部校验（group 0，group1 的校验，存储于 IParity 块中），生成新校验（group 0，group1，group 2 的校验结果）写入影子 Bank 的 PBand，如图 6.10（c）所示；

④ Shadow Bank 写满后，修改映射表令其取代 Data Bank，而 Data Bank 作为下一循环中的 Shadow Bank。

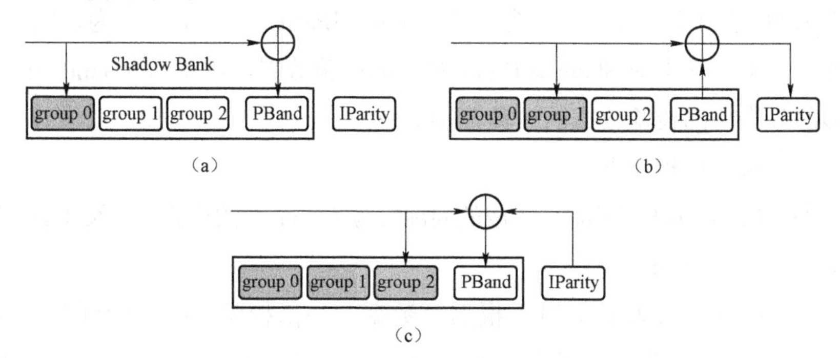


图 6.10　单块流水校验生成方式（group=3）

（a）Write group 0；（b）Write group 1；（c）Write group 2

为保证最后生成的校验数据写入影子 Bank 的 PBand，需按如下规则流水式生成校验：若 Shadow Bank 中的 group 数为奇数，首先向 PBand 写校验数据，如图 6.10 所示；若 Shadow Bank 中的 group 数为偶数时，首先向 IParity 写校验数据，如图 6.11 所示，其执行流程类似。

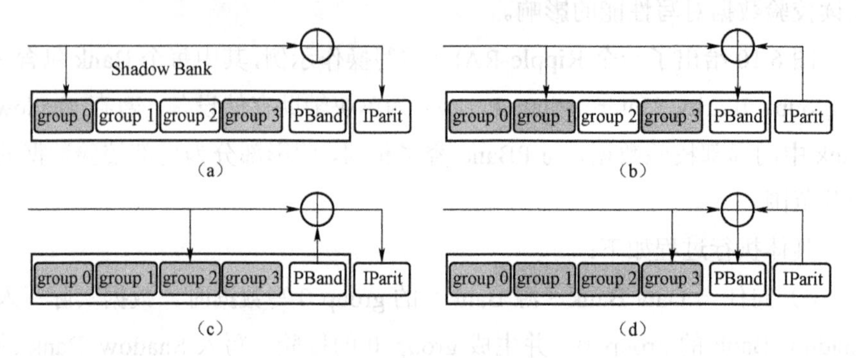


图 6.11　单块流水校验生成方式（group＝4）

（a）Write group 0；（b）Write group 1；（c）Write group 2；（d）Write group 3

（2）双块交替流水校验生成方式

为使 Shadow Bank 中校验数据所在磁盘大部分时间也可待机，进一步提高节能效率，同时又不影响读写性能，可采用如下流水式校验生成方式：设置两个辅助存储设备块 IParity 1 和 IParity 2，轮流从其中之一读取局部校验数据，向另一个写新校验数据，直至生成 Shadow Bank 的最终校验数据，再将其写入磁盘。Shadow Bank 中校验数据所在磁盘不参与校验生成。

图 6.12 给出了一个双块交替流水校验生成方式的 Ripple-RAID 写操作通用示例，其中每个 Bank 包含 $N$ 个 group，IParity 1、IParity 2 为辅助存储设备，用于流水生成 Shadow Bank 的局部校验数据，容量与 PBand 相同，阴影部分为局部校验数据的校验范围。

具体执行过程如下：

① 向 group 0 写数据时，生成的局部校验（group 0 的校验）写入 IParity 1，如图 6.12（a）所示；

② 向 group 1 写数据时，根据写数据、局部校验（group 0 的校验，在 IParity 1 中），生成新校验（group 0，group1 的校验）写入 IParity 2，如图 6.12（b）所示；

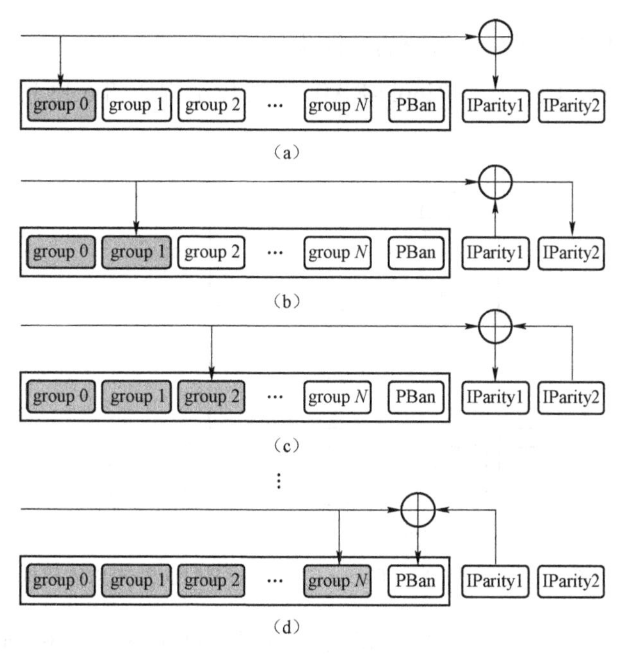


图 6.12　双块交替流水校验生成方式

（a）Write group 0；（b）Write group 1；（c）Write group 2；（d）Write group *N*

③ 向 group 2 写数据时，根据写数据、局部校验（group 0，group1 的校验，在 IParity 2 中），生成新校验（group 0，group1，group 2 的校验）写入 IParity 1，如图 6.12（c）所示；

④ 向 group *N* 写数据时，根据写数据、局部校验（group 0 至 group *N*-1 的校验，在 IParity 1 或者 IParity 2 中，当 *N* 为奇数时，校验存储于 IParity 1；当 *N* 为偶数时，校验存储于 IParity 2），生成新校验（group 0 至 group *N* 的校验）写入 Shadow Bank 的 PBand，如图 6.12（d）所示。

## 6.5　基于 SSD 的节能优化

Ripple-RAID 所采用的基本节能策略如地址映射和流水式校验生成都是采用磁盘作为地址映射和数据校验的存储介质，磁盘存储数据的读写要通过机械结构进行，其能耗相比以芯片颗粒为存储介质、以电信号进行触发读取的 SSD 和 Cache 明显要高。本节将给出采用 SSD、Cache 和磁盘相结合的 Ripple-RAID 存储系统的节能优化。

采用 SSD、Cache 的 Ripple-RAID 的总体结构如图 6.13 所示。

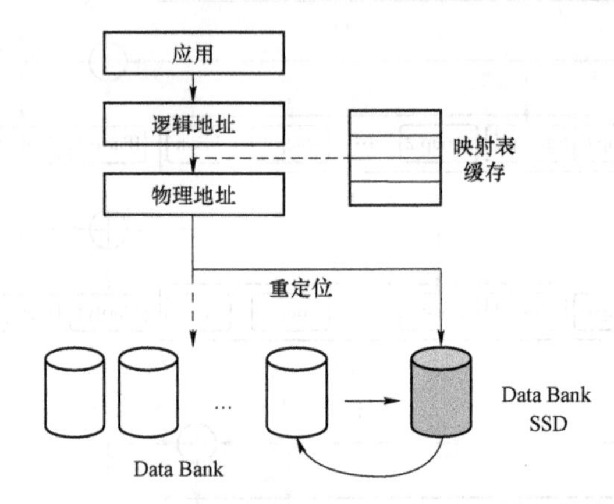


图 6.13　基于 SSD 和 Cache 的 Ripple-RAID 模式总体架构

Cache 优化策略是将部分阵列 Cache 划分为 Data Cache 和 Parity Cache，Data Cache 用来存放数据签名、元数据等小规模数据项以及在面向 Ripple-RAID 6 阵列中存放 Q 校验的对数表格等，以实现 Ripple-RAID 6 阵列快速生成 Q 校验。Parity Cache 则采用 Cache 和 Bank 相对应，校验通过 Cache 进行，流水式生成校验的速度更快，更能提高节能效果。

### 6.5.1　基于 SSD 的“小写”优化

S-RAID 基本执行“小写”操作，写数据时需要读取对应的旧数据、旧校验数据，再与写数据一起计算新校验数据，然后将新校验数据写入存储单元。S-RAID 节能策略的核心就是把 I/O 请求集中在局部并行的磁盘上，从而调度其他磁盘待机节能。

如何将“小写”尽可能地优化，将多个“小写”请求合并为一个大尺寸的写请求是解决 S-RAID 小写问题的一个重要思路。Ripple-RAID 采用 SSD 存储介质结合地址映射的方法实现 S-RAID 的小写优化，基本思路是由 SSD 作为缓存，暂存“小写”数据，由于 SSD 的连续读写速度和能耗均优于磁盘，因此系统中额外增加 SSD 作为缓存盘，采用地址映射将“小写”操作的物理地址映射到 SSD 上，待 SSD 的 Data Bank（SSD Bank）写满后，整体迁移至磁盘的 Data Bank。

将多个“小写”请求合并为一个大尺寸的写请求，首先需要将“小写”请求从指向磁盘的 Disk Bank 的物理地址映射到指向 SSD 的 SSD Bank 中的物理地址。待 SSD Bank 写满后再整体迁移到 Disk Bank，因此，需要在 Cache 中保存一张由逻辑地址（Logic Bank 中的 Block 地址）到物理地址 1（SSD Bank 中的 Block 地址）和物理地址 2（Disk Bank 中的 Block 地址）的映射表，在进行合并“小写”操作时建立，当合并完成后从 Cache 中释放，其生命周期覆盖每一个“小写”聚合的过程。

Ripple-RAID 的基于 SSD 的小写优化如图 6.14 所示。

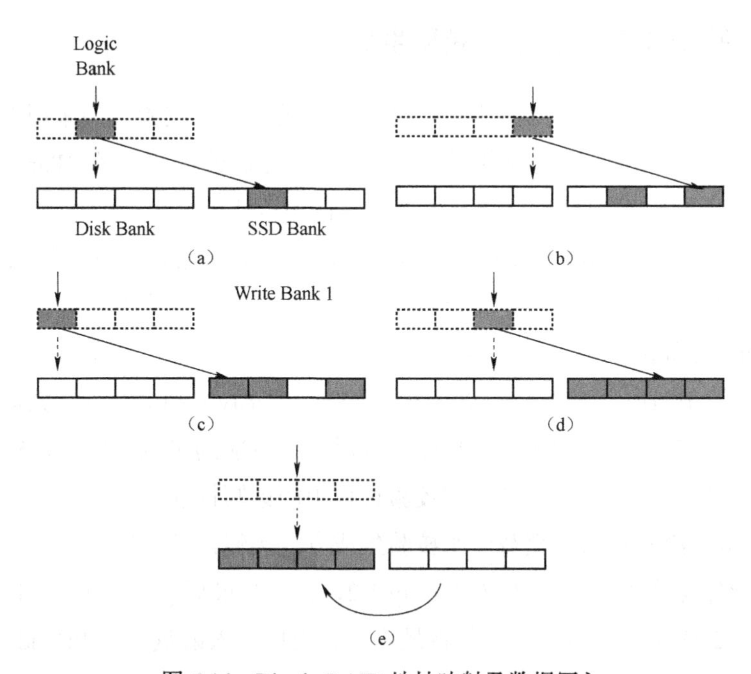


图 6.14　Ripple-RAID 地址映射及数据写入

（a）Write Block 2；（b）Write Block 4；（c）Write Block 1；（d）Write Block 3；（e）Replace Bank

4 个不连续的数据块先后写入不同物理地址时，被映射到同一块 SSD Bank，SSD Bank 写满后再将 SSD Bank 中的内容整体迁移到 Disk Bank。

其执行流程如下：

① 向某 Disk Bank 写入 Block 数据时，数据并不直接写入指向的物理地址 2（Disk Bank 中的 Block 地址），而是首先调用 Disk Bank 和 SSD Bank 的映射表，将该 Block 写入物理地址 1（SSD Bank 中的 Block 地址），如图 6.14（a）所示。

② 判断数据写入是否结束（当 SSD Bank 写满或者无小写请求时写入结束），若未结束则重复操作①；若结束，则执行操作③。

③ 将 SSD Bank 中的数据根据映射表的指针指向整体迁移到 Data bank 中，如图 6.14（e）所示。

④ 释放 Cache 中映射表的空间。

### 6.5.2 基于 SSD 的流水式校验生成

Ripple-RAID 节能的基本思想之一是渐进式生成校验，当采用双块校验时，可以有效地避免频繁读写磁盘，其校验过程集中在 IParity 1 和 IParity 2 两个辅助存储设备块上，调度其他磁盘待机实现节能。

当校验存储介质采用 SSD 时，可以更进一步的降低 IParity 1 和 IParity 2 两个辅助存储设备块上的校验过程所产生的能耗，其基本方法是建立 SSD 与 PBand 之间的映射关系，将校验结果直接放于 SSD 中，PBand 中存储映射表指针。IParity 1 和 IParity 2 保存于 SSD，IParity 1 和 IParity 2 共同交替生成校验。该方法将彻底去除校验过程对系统节能的影响，同时，SSD 的读写的高性能也能提升系统数据校验过程中的读写性能。

其基本流程和双块交替流水校验生成方式类似，从 IParity 1/2 读局部校验数据，新校验数据也写入 IParity 1/2，直至写最后 group $N$ 数据时，从 IParity 1/2 读局部校验数据，并将最终校验数据写入磁盘中的 PBand。

SSD 流水校验生成方式执行过程如图 6.15 所示。

该方式使 Shadow Bank 中校验数据所在磁盘大部分时间处于待机状态，节能效果将进一步提升，但生成校验时需要同时读、写 IParity，对写性能有一定影响，选用高速、多通道的 SSD 可以有效避免这一问题。

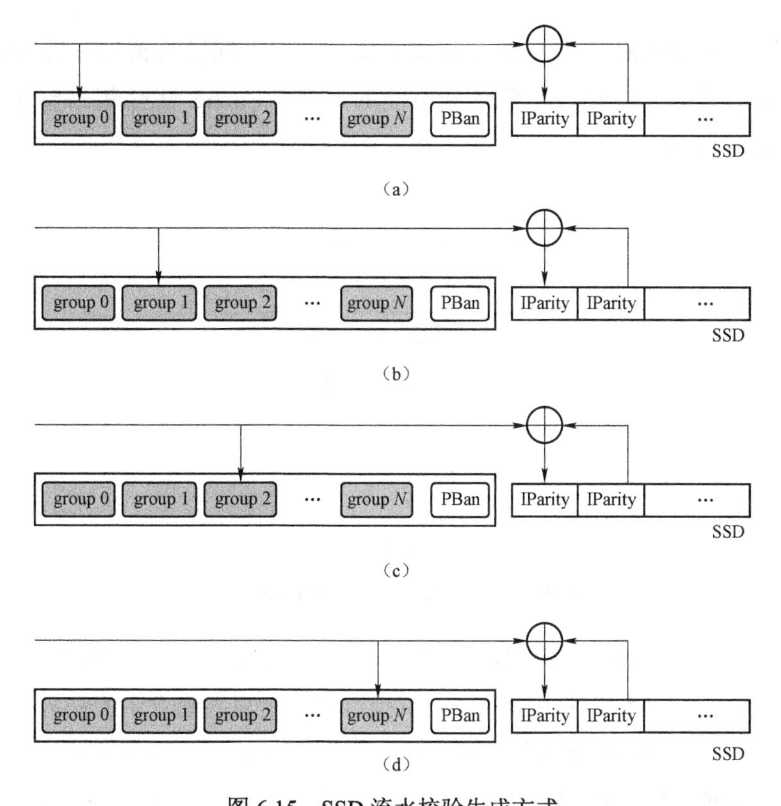


图 6.15　SSD 流水校验生成方式

(a) Write group 0；(b) Write group 1；(c) Write group 2；(d) Write group $N$

# 6.6　基于 Cache 的 Ripple-RAID 校验优化

## 6.6.1　Cache 优化策略整体结构

阵列控制器 Cache 已经是整个 RAID 的核心所在，即便是在中低端存储阵列中，也存在着大容量的 Cache，在最简单的 RAID 卡中，一般都包含有几十，甚至几百兆的 RAID Cache，多的可以达到 2 GB。但由于 Cache 的单位价格相对 RAM 和 FLASH 较高，同时，Cache 的扩充亦会带来能耗的增加，因此，RAID 中还不能够无限制地增加 Cache 的容量，必须在性能和成本之间找到一个平衡点。

Ripple-RAID 所采用的 Cache 优化策略主要是将 Cache 中划分出普通

数据优化应用 Cache 和校验优化 Cache，针对小规模数据项和数据校验对能耗的影响采取相应策略达到节能的目的。Cache 优化策略整体结构如图 6.16 所示。

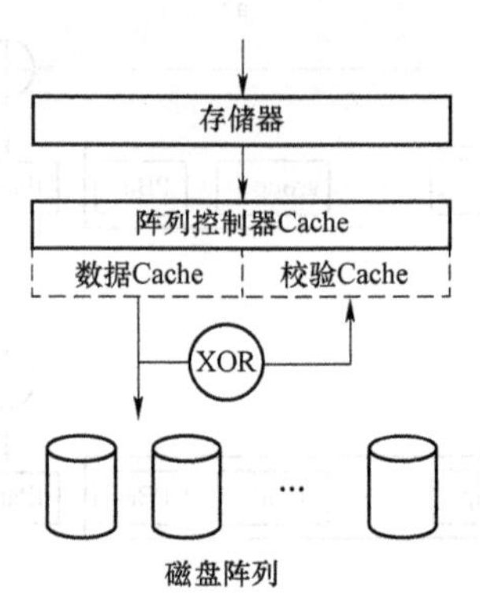


图 6.16　Ripple-RAID 的 Cache 优化

Cache 的主要作用体现在读与写两个不同的方面：在写过程中，Cache 作为存储层和应用层的中间载体，承担着将数据写入磁盘中的任务，但频繁的“小写”必然影响系统性能，增加系统能耗，因此通常的做法是将多个“短数据”写入 Cache 中，合并为一个“长数据”后再写入磁盘。

Cache 在读数据方面主要体现在提高命中率，连续读取磁盘相同地址数据时，可以从 Cache 中读取其备份，减少对磁盘的读取，以实现性能的提高和能耗的降低。Cache 对于连续 I/O 具有较好的效果，尤其是连续小块 I/O，其读性能提升节能效果显著。

## 6.6.2　Cache 校验优化策略

Ripple-RAID 将阵列控制器 Cache 的一部分（视 Cache 总容量大小和对系统性能的影响决定）划为校验 Cache，对写数据校验进行优化，Cache 采用了二维结构，如图 6.17 所示。

校验 Cache 分别以 group 和 Strip 作为 Cache 分割后所对应的行和列，使得 Cache 中的每一块都与实际存储系统中数据块对应，由于 Cache 总容量较少且单位价格较高，因此只能针对某一 Bank，进行快速更新，同时对 Cache 中分配的 Strip 数进行限定，使得 Strip 校验数据可循环覆盖，因此可以将对系统性能的影响降到最低。

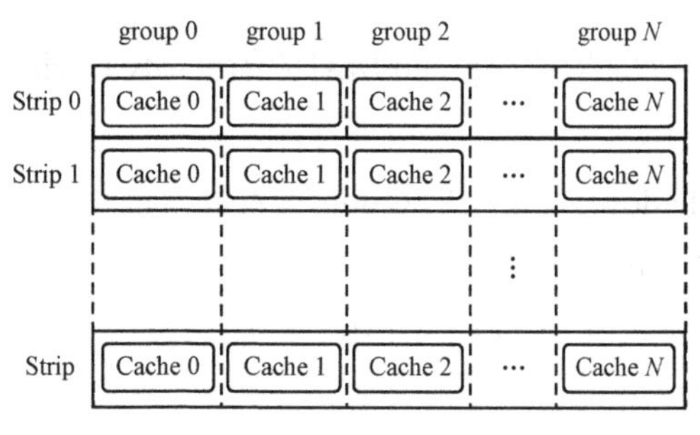


图 6.17　Parity Cache 的二维结构

Cache 的二维表结构可以保存于 SSD 或者某特定磁盘的特殊区域，在系统启动时读入到磁盘阵列的控制器 Cache 中。Cache 的校验优化策略流程如图 6.18 所示。

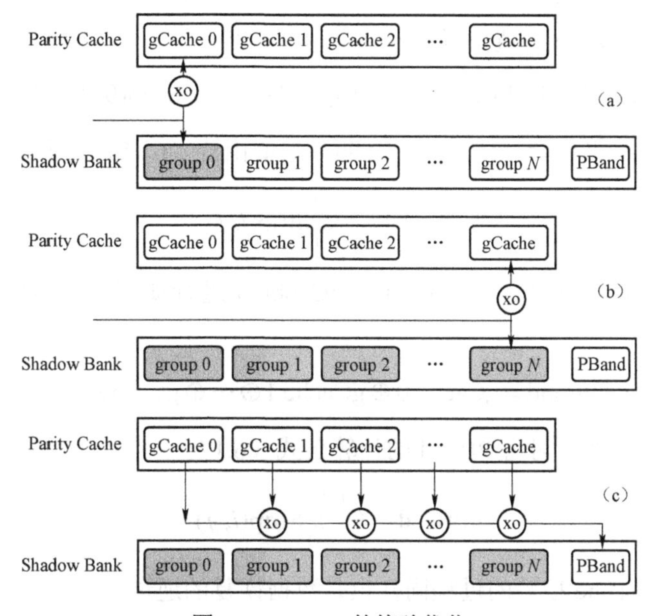


图 6.18　Cache 的校验优化

(a) Write group 0；(b) Write group N；(c) Write Parity

优化策略的具体执行过程如下：

① 向 Data Bank（源 Bank）的 group 写数据时，数据实际写入 Shadow

Bank 的 group，向 Shadow Bank 中的某 group 写入数据的时候，生成校验数据。

② 将校验数据写入到该 group 所对应的 Parity Cache 块的 gCache 中，如图 6.18（a）所示。

③ 判断向 Shadow Bank 中的 group 写入数据过程是否完成，若没完成，转④；若完成，转⑤。

④ 重复第①～②步的向 Cache 中写校验数据的过程，如图 6.18（b）所示，执行完毕转③。

⑤ 将 Parity Cache 块中的校验数据按次序进行异或运算，得到整个 Bank 的校验结果。

⑥ 将整个 Bank 的校验结果写入 PBand 中，如图 6.18（c）所示。

⑦ Shadow Bank 的写校验数据流程结束。

在生成校验数据的过程中，由于异或运算满足结合律，因此写入 Parity Cache 中的 gCache 的值可以由式（6.14）给出：

$$\text{gCache } 0 = \text{Strip}(0,0) \oplus \text{Strip}(0,1) \oplus \cdots \oplus \text{Strip}(0, M-1) \tag{6.14}$$

对异或运算集合，任意的 gCache $i$ 的值由式（6.15）给出：

$$\text{gCache}i = \bigoplus_{j=0}^{M-1} \text{Strip}(i, j) \tag{6.15}$$

相对应，PBand 的值由所有的 gCache $i$ 进行如式（6.16）异或运算得到：

$$\text{PBand} = \text{gCache } 0 \oplus \text{gCache } 1 \oplus \cdots \oplus \text{gCache } N \tag{6.16}$$

不失一般性，可得 PBand 的计算公式（6.17）：

$$\text{PBand} = \bigoplus_{i=0}^{N-1} \bigoplus_{j=0}^{M-1} \text{Strip}(i, j) \tag{6.17}$$

生成 gCache 校验的过程同样也是数据恢复的逆过程。

由于阵列 Cache 在校验优化过程中仅针对某一 Bank 进行，同时，Bank 中的 Strip 采取可覆盖方式，因此所占用的 Cache 容量不会太大，不会因此而影响系统性能，其系统总成本也可控制在一个可接受的范围。

阵列 Cache 中划分出来的除了校验 Cache 外还有普通数据优化应用

Cache，该部分的 Cache 主要用于普通的数据优化，这些数据优化包括：

① 建立映射表，在 Cache 层次实现块级数据的“读—改—写”操作，将小写操作转化为连续的写操作。

② 存储数据签名、元数据等小规模数据项，采用 Cache 优化写操作，使冗余磁盘可长时间待机节能。

③ 针对 Ripple-RAID 6 阵列，数据 Cache 中存储 QBand 校验的对数/反对数表格。

Ripple-RAID 6 阵列中包含 PBand 校验和 QBand 校验，PBand 校验码计算量比较小，可以直接在 RAM 中进行 XOR 运算，但 QBand 校验码由迦罗华域的 GF（GFlog）运算生成，不能简单地进行 XOR 运算，需要引入迦罗华域的转换。

QBand 校验码涉及大量的乘加运算，没有特殊的硬件支撑，很难提高 I/O 的性能。Ripple-RAID 6 中 QBand *i* 的值由 Stripe 中的 DBand *i* 进行迦罗华域的 GF 运算生成，考虑到降低计算运算量，充分利用系统的灵活性，我们可以在 Cache 中直接生成迦罗华域的正反对数表，QBand *i* 的运算就可以通过查阅对数/反对数表格转换成普通的加法运算，而在迦罗华域中加法运算等价于 XOR 运算。通过该方法，可以显著提高 QBand 校验码的生成速度，减少磁盘读写时间，降低系统能耗。

## 6.7　实验测试

### 6.7.1　实验环境

为了测试 Ripple-RAID 的性能和节能效果，利用 Linux 2.6.26 内核中的 MD 模块，构建了一个 Ripple-RAID 5 的原型系统。监控进程 Diskpm 对磁盘进行节能调度，采用 TPM 调度算法，当磁盘空闲时间达到 120 s 时调度该磁盘待机。采用 Cache 策略，以减少少量读操作对待机磁盘的访问。

基于典型的连续数据存储应用——视频监控进行了性能、节能测试。模拟了一个 32 路视频监控系统，采用 D1 视频标准（平均码率为 2 Mb/s），需要保存 24 h/天 × 30 天的视频数据，数据量为 20.74 TB。每隔指定时间（实验中为 10 min）在存储设备上创建 32 个视频文件，分别保存该时间内的各路视频数据，视频数据以添加（Append）方式写入视频文件，当存储空间不够时删除最早存储的视频数据。

选取了几种典型的 RAID 节能方法，与 Ripple-RAID 5 进行冗余磁盘、性能和节能比较，具体包括 Hibernator、PARAID、eRAID 5、MAID 以及 S-RAID 5。功耗测量系统见图 6.19，包括 1 台运行 Linux 2.6.26 的存储服务器、磁盘阵列（类型及盘数需分别设定）、测控计算机、电流表以及电源等部分。存储服务器配置如下：Intel® Core（TM）i3 – 2100 CPU，8 GB 内存，主板型号为 ASUS P8B-C/SAS/4L，主板上集成的 LSI 2008 SAS 存储控制器在背板上扩展出 32 个 SAS/SATA 盘位，选用 2TB 的希捷 ST32000644 NS 磁盘。

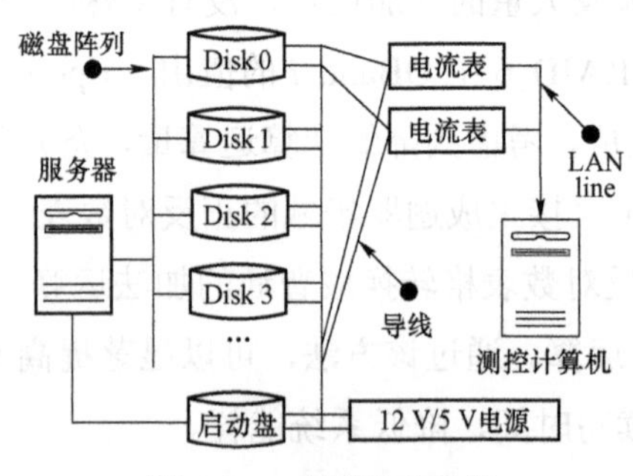


图 6.19　功耗测量系统

磁盘功率测量方式见 4.4.1 节所述。

每种节能方法的功耗测量时间为 24 h，电流采样频率为 5 Hz，Strip 大小为 64 KB。与 S-RAID 5 不同，由于在块层进行了地址映射，Ripple-RAID 5 的节能效果对文件系统的选择不敏感，但为了公平比较，选择了相同的 NILFS 文件系统，该文件系统非常适合视频监控等连续数据存储应用。

## 6.7.2　冗余磁盘

需要保存的视频数据量为 20.74 TB，所以需要 11 块容量为 2 TB 的磁盘，考虑到文件系统对存储空间的额外消耗，约为存储空间的 10%，取 12 块磁盘保存基本数据。

Ripple-RAID 5 需要 1 块磁盘的校验数据，共需 13 块磁盘，映射块组大小为 64 KB 时，24 TB（2 TB×12）的存储空间需要 2.93 GB 的地址映射信息（计算方法见 6.3 节），采用镜像保护方式并取整为 6 GB；辅助存储设备 IParity 的容量与 PBand 相同大小为 140 GB（2 000 GB/（13+1））；Shadow Bank 需求（$N-1$）/（$N+1$）块磁盘的存储空间，上述配置能够满足。

Hibernator 把不同转速的磁盘组成不同的 RAID，由于磁盘有运行和待机两种转速，需要构建 2 个 RAID 分别处于运行和待机状态，并根据性能需求在 2 个 RAID 间迁移数据盘。因此需要 2 个磁盘的校验信息，共需 14 块磁盘；Ripple-RAID 中跨越磁盘数最少的逻辑 RAID 的节能效果最好，由于每级逻辑 RAID 都需要保存 1 份完整的存储数据，因此在最节能逻辑 RAID 中要保存 12 块磁盘的数据量，加上 1 块磁盘的校验信息，共需 13 块磁盘；eRAID 5 需要 1 块盘的校验信息，共需 13 块磁盘；MAID 由两个磁盘阵列组成，前端阵列保存“热”数据以减小对后端阵列的访问，全部数据保存在后端阵列中，前端阵列为 4 块磁盘组成的 RAID 5，后端阵列为 13 块磁盘组成的 RAID 5，共需 17 块磁盘；S-RAID 5 需要 1 块磁盘的空间存储校验信息，共需 13 块磁盘。

综上，配置以上节能 RAID 所需的冗余磁盘数，除 MAID 略高（5 块）外其余均为 1 或 2 块，Ripple-RAID 5 接近但小于 2 块。此外，Ripple-RAID 5 以渐进方式生成校验时需要 146 GB（IParity 及映射信息）的磁盘空间，以 SSD 双块交替流水时需要 286 GB（IParity 1、IParity 2 及映射信息）的 SSD，不超过总存储容量的 2%，在海量数据存储中是可以接受的。

### 6.7.3　性能测试

32 路 D1 标准的视频监控系统，所需基本写带宽为 8 MB/s（32×2 Mb/s），写性能要求不高，但为保证具有足够的性能余量，要求每种节能方法至少提供 3 块磁盘（不包括校验数据所在磁盘）的并行度。对于 Ripple-RAID 5 与 S-RAID 5，每个 Bank 中的 12 个 DBand 被分为 4 组，每组 3 个并行工作（$P=4$，$Q=3$）；Hibernator 需要把 3 块磁盘迁移到运行阵列，与校验盘组成 RAID 5；对于 MAID，取其前端阵列为 4 块磁盘（校验数据占 1 块磁盘的空间）组成的 RAID 5。

Ripple-RAID 5 分别以单块渐进式流水生成、双块交替渐进流水生成（2 块 SSD）方式生成校验数据，采用的 SSD 型号为 PX-160M3，容量为 160 GB。选取每种阵列的基本工作状态，也是最佳节能状态来测试性能。Ripple-RAID 5 与 S-RAID 5 的测试逻辑地址范围指定在 1 个分组之内；Hibernator 的测试对象为其运行阵列；MAID 的测试对象为其前端阵列；Ripple-RAID 的测试对象为其最节能的那一级 RAID 5。

首先利用 Iometer 测试写性能，测得各节能阵列在 80%顺序写、随机写负载下的写性能分别见图 6.20（a）、图 6.20（b），Ripple-RAID 5 具有突出的写性能，单块渐进流水、双块渐进流水时的写性能基本相同，在 80%顺序写负载下，请求长度为 512 KB 时，与并行盘数相同的节能阵列相比，Ripple-RAID 5 的写性能分别为 S-RAID 5 的 3.9 倍，Hibernator、MAID 写性能的 1.9 倍；与 12 磁盘并行的 eRAID 5 相比，Ripple-RAID 5 的写性能达到了前两者的 49%。

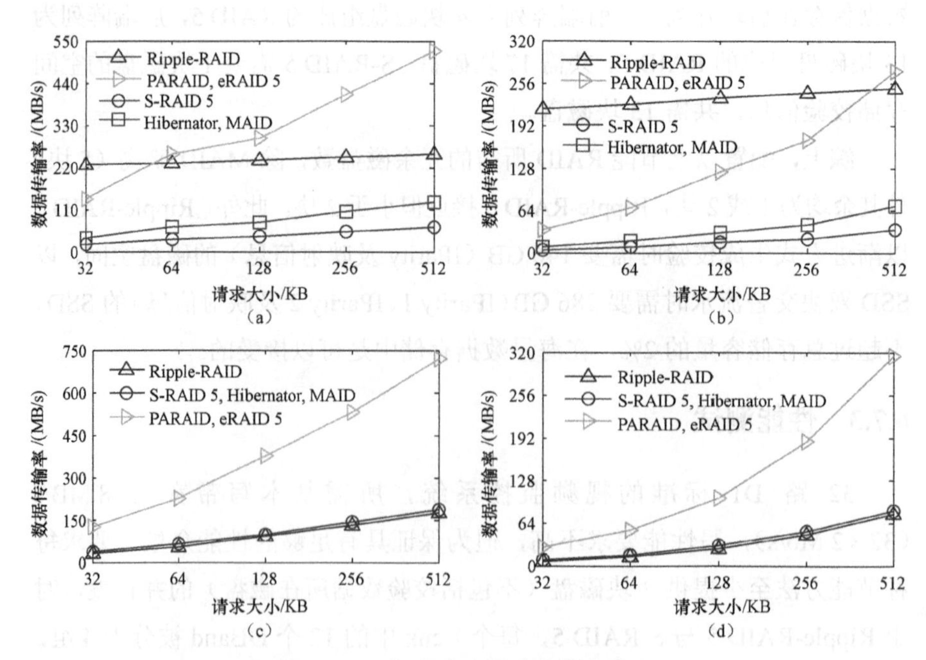


图 6.20　不同节能方法的数据传输率

（a）80%顺序写；（b）随机写；（c）80%顺序读；（d）随机读

随机负载增加时，Ripple-RAID 5 写性能会更加突出，在随机写负载下，其写性能远高于并行盘数相同的 S-RAID 5、Hibernator 以及 MAID，而与 12 磁盘并行的 eRAID 5 的写性能相当。Ripple-RAID 5 突出的写性能得益于有效消除了局部并行带来的小写问题，以及通过地址映射把非顺序写转换成了顺序写。S-RAID 5 的写性能最低，主要由于其局部并行数据布局带来的小写问题，严重影响了写性能。

Ripple-RAID 5 读性能取决于地址映射后的数据分布情况，顺序读可被映射为随机读（概率大），随机读也可被映射为顺序读（概率小），因此难以给出准确的读性能对比测试。但可以给出 Ripple-RAID 5 中地址转换延迟对读性能的影响，采用地址平移变换，把所有读请求平行映射到另外一个读区间。

在此基础上利用 Iometer 测试了读性能，各节能阵列在 80%顺序读、随机读时的读性能分别如图 6.20（c）、图 6.20（d）所示，Ripple-RAID 5 的读性能略低于并行盘数相同的 S-RAID 5、Hibernator 和 MAID，是由于 Ripple-RAID 5 的地址转换引起一定的时间延迟；读性能远低于 PARAID、eRAID 5，是由于 Ripple-RAID 5 提供了 3 磁盘的并行度，而后者均提供了 12 磁盘的并行度。

以上读性能测试结果，仅具有一定的参考价值。在实际的连续数据存储应用中，由于读操作以数据回放为主，如视频回放、利用 CDP 进行系统还原、读取归档数据等，一般会执行顺序读（重复某段时间内的写操作），此时 Ripple-RAID 5 的读性能将与写性能接近，远高于以上测试结果。

Ripple-RAID 5 采用流水技术渐进生成校验数据，其中新数据写入磁盘，导致 Ripple-RAID 5 的性能主要取决于磁盘性能。缓存新校验与写新数据并行，因此把缓存新校验的 SSD 改成磁盘，不会显著影响其性能，采用 SSD 主要为了提高节能效率。

Ripple-RAID 5 把磁盘存储区分成若干组，组内局部并行，组间可独立工作。对于读写混合型负载，容易解耦成独立的读写操作，具体如下：如果读写操作分别位于 Ripple-RAID 5 中可并行的组，则调度对应的组运行，此时 Ripple-RAID 5 的总性能基本等于各组读、写性能之和；否则先执行读操作，同时缓存写数据到相关设备（如低功耗的 SSD），并在读操作结束后回迁写数据，此时 Ripple-RAID 5 的性能等于该组的读、写性能。综上 Ripple-RAID 5 中单个分组的读、写性能，能够反映 Ripple-RAID 5 的基本性能。

为了进一步验证该分组方式能否满足性能需求，进行了实际数据读写测试。向 Ripple-RAID 5 写入视频数据，然后检验写入数据的正确性，同时进行视频回放。测试表明，该 Ripple-RAID 5 能够正确写入 32 路 D1 标准的视频数据，以及正确回放记录的数据，为了避免直接从内存缓冲区读取回放数据，回放的是 1 h 以前的监控数据。

### 6.7.4 节能测试

对上述 Ripple-RAID 5、S-RAID 5、Hibernator、PARAID、MAID 以及 eRAID 5 分别进行 24 h 节能测试，测试结果如图 6.21 所示。Ripple-RAID 5 的节能效果最好，采用单块流水生成校验数据时，24 h 平均功耗约为 $2.4\times10^6$ J，比 S-RAID 5 节能 20%，比 Hibernator、MAID 节能 33%；比 eRAID 5 节能 70%，比 PARAID 节能 72%；采用单块流水生成校验数据时，可节省 1 块 SSD（160 GB），性能与双块交替流水方式时基本相同，但功耗有所增加，此时 Ripple-RAID 5 的功耗与 S-RAID 5 基本相同。

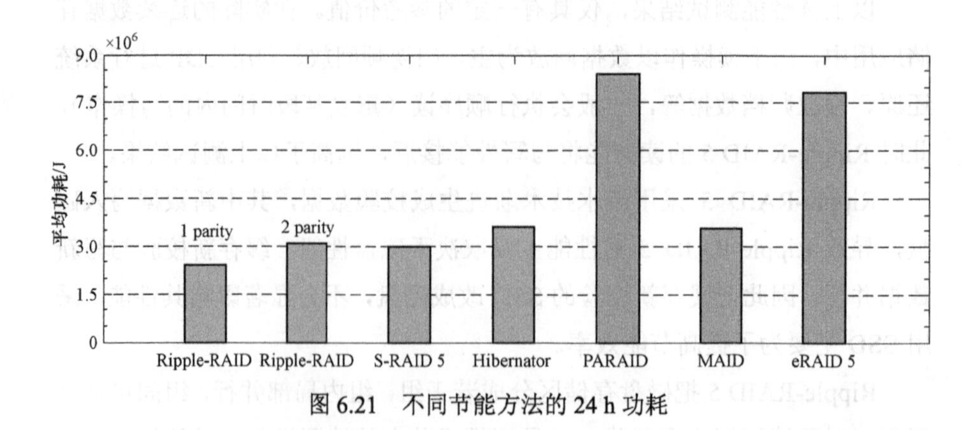


图 6.21 不同节能方法的 24 h 功耗

S-RAID 5 的节能效果与 Ripple-RAID 5 接近，但写性能远低于 Ripple-RAID 5，因此其性能余量远小于 Ripple-RAID 5。与 Hibernator 相比，Ripple-RAID 5 没有把存储空间划分为多个不同转速的子阵列，省略了子阵列间的磁盘迁移、数据重构过程。PARAID 的能耗最高，表明该节能阵列不适合数据密集型存储应用，而适用于具有较多空闲存储空间的存储系统。与 MAID 相比，Ripple-RAID 5 把存储数据直接写入局部并行的存储阵列，省略了前端数据缓冲过程及相关存储设备。eRAID 5 主要面向随机数据访问，最多仅能节省 1 块磁盘的功耗（关闭校验数据所在磁盘）。

## 6.8　本章小结

针对视频监控、CDP、VTL、备份、归档等连续数据存储应用，提出了 Ripple-RAID 磁盘阵列，它继承了 S-RAID 的局部并行思想，提出了新的数据布局，综合运用了写操作优化、基于流水技术渐进生成校验、Cache 优化等策略，在单盘容错的前提下，既保持了局部并行的节能性，又有效消除了局部并行带来的小写问题。实验表明 Ripple-RAID 具有突出的写性能和节能效率。连续数据存储中读操作以数据回放为主，因此 Ripple-RAID 一般具有与写性能接近的、突出的读性能。

与 S-RAID 不同，Ripple-RAID 对写数据的连续性没有要求，其地址映射机制能够把非连续数据映射为连续数据。对于非连续数据存储，如果进行若干优化后（如采用分层或混合存储）其随机读操作频率很低，较少进行改写操作，则 Ripple-RAID 也是适用的。

# 结　论

连续数据存储的广泛应用使得存储数据快速增长，引发的首要问题是存储能耗的急剧增加，因此需要对该类存储系统进行节能研究与性能优化。本书以大规模存储系统的基本架构为基点，对连续数据存储系统的节能与写性能优化问题进行了深入研究。

本书的主要研究内容和创新点如下：

（1）提出适用于顺序数据访问的节能磁盘阵列 S-RAID 5

对于广泛存在的以顺序数据访问为主的存储系统，如视频监控、虚拟磁带库、连续数据保护等，针对该类系统固有访问模式的节能研究较少。为此，提出了适用于顺序数据访问的节能磁盘阵列 S-RAID 5，采用局部并行策略：阵列中的存储区被分成若干组，组内采用并行访问模式，分组有利于调度部分磁盘运行而其余磁盘待机，组内并行用以提供性能保证。在 S-RAID 5 磁盘阵列中运行磁盘调度算法，辅以合适的 Cache 策略来过滤少量的随机访问，S-RAID 5 可获得显著的节能效果。

（2）提出一种面向连续数据存储的动态节能数据布局

针对连续数据存储应用中的动态变化负载，提出一种面向连续数据存储的动态节能数据布局 DEEDL，在继承局部并行节能性的同时，根据负载的性能需求，为其动态分配具有合适并行度的存储空间。负载最小时仅使用一个或几个数据盘并行，而负载最大时可使用所有数据盘并行，具有更高的可用性，非常适用于连续数据存储应用。针对波动负载和突发负载，读写性能及节能特性有明显提高。

（3）提出一种基于预读与 I/O 聚合的性能优化方法

针对节能磁盘阵列 S-RAID 的小写问题，提出一种基于预读与 I/O 聚合的性能优化方法。通过减少 I/O 数和寻道数，增大 I/O 尺寸来提高磁盘的利用率，其具体措施包括：稳定识别来自上层应用的写请求顺序流；由写请求顺序流触发大粒度异步预读，预读小写操作所需要的旧数据、旧校验数据；进行写操作聚合，将若干个写请求合并为一个或几个大尺寸的写请求；建立基于预读、写缓存、写回的写操作流水线等。这些策略充分利用了连续数据存储应用的存储特性以及现代磁盘的性能优势，显著提高了写性能，通过实验也验证了该优化方法的可行性和高效性。

（4）提出一种面向顺序数据访问的节能磁盘阵列——Ripple-RAID

针对 S-RAID 的局部并行数据布局难以有效解决其小写问题而提出的 Ripple-RAID 阵列，采用了新的局部并行数据布局，通过综合运用基于 SSD 的地址映射和数据更新、基于流水技术渐进生成校验、Cache 优化等策略进行了节能方面的优化。Ripple-RAID 阵列在单盘容错条件下，既保持了局部并行的节能性，又有效解决了局部并行带来的小写问题。实验证明，Ripple-RAID 有效提高了数据存储效率、降低了单位存储能耗。

在本书研究工作的基础上，以下方面有待进一步深入研究：

首先，本书的研究主要是针对连续数据存储系统的写性能进行优化，以及基于连续数据写的节能策略，并未重点关注存储系统的读操作。虽然连续数据存储系统中以连续数据写为主，但仍存在着一定的读操作。需要深入分析研究连续数据存储系统中的读操作特征，以进一步优化系统的性能及能耗。

其次，存储技术正在飞速发展，基于 NAND FLASH 的 SSD 已经大规模进入存储领域，而 PCM、MRAM、STTRAM 等固态存储技术也日臻成熟，基于以上固态存储技术的 SSD，具有突出的随机读、写性能以及低功耗特点。但是，SSD 市场价格相对较高，在容量上，其每 GB 的市场价格大约是机械硬盘的 10 倍左右。因此，将连续存储系统的存储介质完全用 SSD 代替不太现实，但将连续存储系统的一些热点数据迁移到 SSD 上，实现 SSD 与磁盘的混合存储却可能达到性能、节能和价格的完美结合。磁盘与 SSD 所具有的良好互补关系，使得我们有必要深入研究基于 SSD 和磁盘的混合存储系统的性能和能耗，创建更加高效、节能的存储结构。

最后，可进一步拓展 SSD、RAID 等构成的混合、分层存储系统的应用范围，如在云存储中，随着 SSD 更大规模地进入存储领域，SSD 层的容量将逐渐扩大，进而成为主要存储层；而下层的磁盘阵列的功能，将逐渐退化为备份、归档功能，非常适合采用 Ripple-RAID 等节能存储结构。因此，针对该应用场景，优化 SSD 与 RAID 构成的混合、分层存储系统，也值得进一步深入研究。

# 参 考 文 献

［1］ Group B P. BP Statistical Review of World Energy 2014［EB/OL］.［2014－06－18］. http://www.bp.com/statisticalreview.

［2］ Zhu Q b，Chen Z F，Tan L，et al. Hibernator：Helping Disk Arrays Sleep through the Winter［J］. Operating Systems Review（ACM），2005，39（5）：177－190.

［3］ 柯白，舒文琼. 能耗问题挑战数据中心［J］. 通信世界，2006，37（1）：A30.

［4］ Reinsel D，Gantz J F. Extracting Value from Chaos［R］. International Data Group IDC White Paper，2011.

［5］ Turner V，Reinsel D，et al. The Digital Universe of Opportunities：Rich Data and the Increasing Value of the Internet of Things［R］. International Data Group IDC White Paper，2014.

［6］ IDC. Data Growth Business Opportunities and the IT Imperatives Executive Summary［EB/OL］.［2014－04］. http://www.emc.com/leadership/digital-universe/2014iview/executive-summary.htm.

［7］ 秦婷，张高记. 数据中心节能减排措施探讨［J］. 西安邮电大学学报，2013，18（4）：95－99.

［8］ 孟小峰，慈祥. 大数据管理：概念、技术与挑战［J］. 计算机研究与发展，2013，01：146－169.

［9］ 田磊，冯丹，岳银亮，等. 磁盘存储系统节能技术研究综述［J］. 计算机科学，2010，37（9）：1－5，31.

［10］ Chase J，Doyle R. Balance of Power：Energy Management for Server Clusters［C］. The 8th Workshop on Hot Topics in Operating Systems（HotOS），2001：37－46.

[11] Chute C，Manfrediz A，Gantz J F. The Diverse and Exploding Digital Universe [R]. International Data Group IDC White Paper，2008.

[12] Britta M，Michael E，Harald K. Challenges in Storing Multimedia Data for the Future—An Overview[C]. The 18th International Conference on Advances in Multimedia Modeling，2012：705-715.

[13] Valera M，Velastin S A. Intelligent Distributed Surveillance Systems：A Review[J]. IEEE Proceedings-Vision，Image and Signal Processing，2005，152（2）：192-204.

[14] 王树鹏，云晓春，郭莉. 持续数据保护（CDP）技术的发展综述[J]. 信息技术快报，2009，6（6）：24-33.

[15] 李䶮，谭毓安，李元章. 一种块级连续数据保护系统的快速恢复方法 [J]. 北京理工大学学报，2011，31（6）：679-684.

[16] Amir A，Villa R L，Biskeborn B，et al. The Linear Tape File System [C]. The 26th IEEE Symposium on Massive Storage Systems and Technologies（MSST），2010：1-8.

[17] 陆游游，敖莉，舒继武. 一种基于重复数据删除的备份系统 [J]. 计算机研究与发展，2012，49（Suppl.）：206-210.

[18] Storer W M，Greenan M K，Miller L E，et al. Pergamum：Replacing Tape with Energy Efficient，Reliable，Disk-based Archival Storage [C]. The 6th USENIX Conference on File and Storage Technologies（FAST），2008：1-16.

[19] 沈玉良，许鲁. 一种基于虚拟机的高效磁盘 I/O 特征分析方法[J]. 软件学报，2010，21（4）：849-862.

[20] Li X，Tan Y A，Sun Z Z. Semi-RAID：a Reliable Energy-aware RAID Data Layout for Sequential Data Access[C]. The 27th IEEE Symposium on Massive Storage Systems and Technologies（MSST），2011.

[21] Video Surveillance System（Camera，Storage，Monitor，Software & Services）Market Size：Global Analysis & Forecast-2014 To 2020 [EB/OL]. http：//www.researchandmarkets.com.

[22] Holland M. On-Line Data Reconstruction In Redundant Disk Arrays

[D]. USA：Carnegie Mellon University，1994.

[23] Hitachi Global Storage Technologies–HDD Technology Overview Charts [EB/OL]. [2010－02－20]. http://www.hitachigst.com/hdd/technolo/overview/storagetechchart. html.

[24] HDD Surface Recording Density to Exceed 1Tb/inch$^2$ in 2011 [EB/OL]. [2009－12－20]. http://techon.nikkeibp.co.jp/english/NEWS EN/20090604/171260.

[25] Smith A J. On the Effectiveness of Buffered and Multiple Arm Disks [C]. The 5th Annual Symposium on Computer Architecture，1978：242–248.

[26] Chandy J A. Dual Actuator Logging Disk Architecture and Modeling [J]. Journal of Systems Architecture：the EUROMICRO Journal，2007，53（12）：913–926.

[27] Hard Disk Drive with Multiple Spindles [EB/OL]. [2010－02－20]. http://www.freepatentsonline.com/20060044663.html.

[28] Gurumurthi S，Sivasubramaniam A，Kandemir M，et al. DRPM：Dynamic Speed Control for Power Management in Server Class Disks [C]. The 30th International Symposium on Computer Architecture，2003：169－179.

[29] Deng Y，Wang F，Helian N. EED：Energy Efficient Disk Drive Architecture [J]. Information Sciences，2008，178：4403－4417.

[30] Patterson D，Gibson G，Katz R. A case for Redundant Arrays of Inexpensive Disks（RAID）[C]. The ACM International Conference on Management of Data，1988：109－116.

[31] 张东. 大话存储 II：存储系统架构与底层原理极限剖析 [M]. 北京：清华大学出版社，2011：64－97.

[32] Narayanan D，Thereska E，Donnelly A，et al. Migrating Server Storage to SSDs：Analysis of Tradeoffs[C]. The 4th ACM European Conference on Computer Systems，2009：145－158.

[33] Carrera E，Pinheiro E，Bianchini R. Conserving Disk Energy in Network

Servers [C]. The 17th International Conference on Supercomputing (ICS), 2003: 86-97.

[34] Weddle C, Oldham M, Qian J, et al. PARAID: a Gear-shifting Power-aware RAID [C]. The 5th USENIX Conference on File and Storage Technologies (FAST), 2007: 245-260.

[35] Pinheiro E, Bianchini R. Energy Conservation Techniques for Disk Array-based Servers [C]. The 18th International Conference on Supercomputing, 2004: 68-78.

[36] Xie T. SEA: A Striping-based Energy-aware Strategy for Data Placement in RAID-structured Storage System [J]. IEEE Transactions on Computers, 2008, 57 (6): 748-769.

[37] Ekow O, Doron R, Tsao S C. Dynamic Data Reorganization for Energy Savings in Disk Storage Systems [J]. Lecture Notes in Computer Science, 2010, 6187 (LNCS): 322-341.

[38] Colarelli D, Grunwald D. Massive Arrays of Idle Disks for Storage Archives [C]. Proc. of the ACM/IEEE Conference on Supercomputing. Los Alamitos: IEEE Computer Society, 2002: 1-11.

[39] Narayanan D, Donnelly A, Rowstron A. Write Off-Loading: Practical Power Management for Enterprise Storage [C]. The 6th USENIX Conference on File and Storage Technologies (FAST), 2008: 253-267.

[40] 毛波. 磁盘阵列的数据布局技术研究 [D]. 武汉: 华中科技大学, 2010.

[41] Wang J, Zhu H J, Li D. eRAID: Conserving Energy in Conventional Disk-based RAID System [J]. IEEE Transactions on Computers, 2008, 57 (4): 359-374.

[42] Xiao L, Yu-An T, Zhizhuo S. Semi-RAID: A Reliable Energy-aware RAID Data Layout for Sequential Data Access [C]. Mass Storage Systems and Technologies (MSST), 2011: 11-22.

[43] 孙志卓. 连续数据存储系统的节能机制的研究 [D]. 北京: 北京理工大学, 2013.

[44] Deng Y H. What is the Future of Disk Drives, Death or Rebirth? [J]. ACM Computing Surveys, 2011, 43 (3): 23-49.

[45] Meter R V. Observing the Effects of Multi-Zone Disks [C]. The USENIX Annual Technical Conference, 1997: 19-30.

[46] Lumb S W, Schindler J, Ganger G R, et al. Towards Higher Disk Head Utilization: Extracting Free Bandwidth from Busy Disk Drives[C]. The 4th Symposium on Operating Systems Design and Implementation (OSDI), 2000: 87-102.

[47] Gurumurthi S, Sivasubramaniam A, Natarajan V K. Disk Drive Roadmap from the Thermal Perspective: A Case for Dynamic Thermal Management [C]. The 32nd Annual International Symposium on Computer Architecture (ISCA), 2005: 38–49.

[48] Huang H, Huang W D, Shin G K. FS2: Dynamic Data Replication in Free Disk Space for Improving Disk Performance and Energy Consumption [C]. Proceedings of the 20th ACM Symposium on Operating Systems Principles (SO-SP), 2005: 263-276.

[49] Gurumurthi S, Sivasubramaniam A, Kandemir M, et al. DRPM: Dynamic Speed Control for Power Management in Server Class Disks [C]. Proceedings of the International Symposium on Computer Architecture (ISCA), 2003: 169-181.

[50] Li D, Wang J. EERAID: Energy-efficient Redundant and Inexpensive Disk Array [C]. The 11th ACM SIGOPS European Workshop, 2004: 311-314.

[51] Zhu Q B, Zhou Y Y. Power-Aware Storage Cache Management [J]. IEEE Transaction on Computers, 2005, 54 (5): 587-602.

[52] Yao X Y, Wang J. RIMAC: A Redundancy-based, Hierarchical Cache Architecture for Energy-efficient Storage Systems [C]. Proceedings of the 2006 EuroSys Conference (EuroSys), 2006: 249-262.

[53] Son S W, Chen G, Kandemir M. Disk Layout Optimization for Reducing Energy Consumption [C]. The 19th International Conference on

Supercomputing（ICS），2005：274－283.

［54］Guerra J，Pucha H，Glider J，et al. Cost Effective Storage Using Extent Based Dynamic Tiering［C］. The 9th USENIX Conference on File and Storage Technologies（FAST），2011：20－34.

［55］罗军舟，金嘉晖，宋爱波，等. 云计算：体系架构与关键技术［J］. 通信学报，2011，32（7）：3－21.

［56］王意洁，孙伟东，周松，等. 云计算环境下的分布存储关键技术［J］. 软件学报，2012，23（4）：962－986.

［57］刘晓茜. 云计算数据中心结构及其调度机制研究［D］. 合肥：中国科技大学，2011.

［58］Bhadkamkar M，Guerra J，Useche L，et al. BORG：Self-Adaptive File Reallocation on Hybrid Disk Arrays［C］. The 7th USENIX Conference on File and Storage Technologies（FAST），2009：183－196.

［59］Zhang G，Chiu L，Dickey C，et al. Automated Lookahead Data Migration in SSD Enabled Multi-tiered Storage Systems［C］. The 26th Symposium on Mass Storage Systems and Technologies（MSST），2010.

［60］丘建平，张广艳，舒继武. DMStone：一个分级存储系统性能测试工具［J］. 软件学报，2012，23（4）：987－995.

［61］Chen F，David K，Zhang X D. Hystor：Making the Best Use of Solid State Drives in High Performance Storage Systems［C］. The International Conference on Supercomputing（ICS），2011：22－32.

［62］司成祥，孟晓烜，许鲁. 一种针对 websearch 应用的缓存替换算法［J］. 电子学报，2011，39（5）：1205－1209.

［63］尹洋，刘振军，许鲁. 一种基于磁盘介质的网络存储系统缓存［J］. 软件学报，2009，20（10）：2752－2765.

［64］那文武，柯剑，朱旭东，等. BW-netRAID：一种后端集中冗余管理的网络 RAID 系统［J］. 计算机学报，2011，34（5）：912－923.

［65］Jorge G，Wendy B，Joseph G，et al. Energy Proportionality for Storage：Impact and Feasibility［J］. ACM SIGOPS Operating Systems Review，2010，44（1）：35－39.

[66] 刘靖宇．高效能数据备份系统的研究［D］．北京：北京理工大学，2013．

[67] Paul Z，Chris E，Dirk D，et al．Understanding Big Data：Analytics for Enterprise Class Hadoop and Streaming Data［M］．New York：McGraw-Hill，2011：15－58．

[68] 窦晖，齐勇，王培健，等．一种最小化绿色数据中心电费的负载调度算法［J］．软件学报，2014，25（7）：1448－1458．

[69] 李元章，孙志卓，马忠梅，等．S-RAID 5：一种适用于顺序数据访问的节能磁盘阵列［J］．计算机学报，2013，36（6）：1290－1302．

[70] Sun Z Z，Tan Y A，Li Y Z．An Energy-efficient Storage for Video Surveillance［J］．Multimedia Tools and Applications，2014，73（1）：151－167．

[71] 刘静宇，谭毓安，薛静锋，等，S-RAID 中基于连续数据特征的写优化策略［J］．计算机学报，2014，37（3）：721－734．

[72] 罗亮，吴文峻，张飞．面向云计算数据中心的能耗建模方法［J］．软件学报，2014，25（7）：1371－1387．

[73] 谢晓玲．磁盘存储系统节能关键技术研究［D］．广州：华南理工大学，2012：76－89．

[74] 杨良怀，周健，龚卫华，等．组合盘节能缓存替换机制［J］．计算机研究与发展，2013，50（1）：19－36．

[75] 孙志卓，李元章，左伟欢，等．LSF：一种面向 S-RAID 5 的能量管理算法［J］．北京理工大学学报，2014，34（2）：166－170．

[76] Nippon Telegraph and Telephone Corporation．What is NILFS？［EB/OL］．［2013－02］．http://www.nilfs.org．

[77] Rosenblum M，Ousterhout J K．The Design and Implementation of a Log-structured File System［J］．ACM Transactions on Computer Systems，1992，10（1）：26－52．

[78] Li M，Shu J．DACO：A High-performance Disk Architecture Designed Specially for Large-scale Erasure-coded Storage Systems［J］．IEEE Transactions on Computers，2010，59（10）：1350－1362．

[79] Seagate Technology Corporation. Barracuda Data Sheet [EB/OL]. [2013－08]. http://www.seagate.com.

[80] Menon J, Roche J, Kasson J. Floating Parity and Data Disk Arrays [J]. Parallel and Distributed Computing, 1993, 17 (1～2): 129－139.

[81] Stodolsky D, Holland M, Courtright W V, et al. Parity-logging Disk Arrays [J]. ACM Transactions on Computer Systems, 1994, 12 (3): 206－235.

[82] Jin C, Feng D, Jiang H, et al. RAID6L: A Log-assisted RAID6 Storage Architecture with Improved Write Performance [C]. Proc of the 27th Symposium on Mass Storage Systems and Technologies (MSST), 2011: 1－6.

[83] John W, Richard G, Carl S, et al. The HP AutoRAID Hierarchical Storage System [J]. ACM Transactions on Computer Systems, 1996, 14 (1): 1－29.

[84] 吴峰光，奚宏生，徐陈锋．一种支持并发访问流的文件预取算法 [J]．软件学报，2010，21 (8)：1820－1833.

[85] Stodolsky D, Gibson G, Holland M. Parity Logging: Overcoming the Small Write Problem in Redundant Disk Arrays [C]. Proc. of the 20th Annual International Symposium on Computer Architecture (ISCA), 1993: 64－75.

[86] The Storage Networking Industry Association. The 2012 SNIA dictionary [EB/OL]. 2012. http://www.snia.org/.

[87] John H H, John K O. The Zebra Striped Network File System [J]. ACM Transactions on Computer Systems, 1995, 13 (3): 274－310.

[88] Nippon Technology and Telephone Corporation. NILFS2 [EB/OL]. [2012－04]. http://www.nilfs.org/en/download.html.

[89] 周可，冯丹，王芳，等．网络磁盘阵列流水调度研究 [J]．计算机学报，2005，28 (3)：319－325.

[90] Dell PowerEdge 6650 Executive Summary [EB/OL]. http://www.tpc.org/results/individual results/Dell/dell_6650_010603_es.pdf,Mar 2003.

[91] 董欢庆，李战怀，林伟．RAID-VCR：一种能够承受三个磁盘故障的RAID 结构［J］．计算机学报，2006，29（5）：792－800．

[92] Wan J G, Wang J B, Yang Q, et al. S2-RAID: A New RAID Architecture for Fast Data Recovery［C］. 2010 IEEE 26th Symposium on Mass Storage Systems and Technologies(MSST)，2010: 283－291.

[93] 赵跃龙，戴祖雄，王志刚．一种智能网络磁盘（IND）存储系统结构［J］．计算机学报，2008，31（5）：858－867．

[94] Papathanasiou A E，Scott M L．Energy efficient prefetching and caching［C］．Proceedings of the USENIX Annual Technical Conference，2004：24－37．

[95] Yada H，Ishioioka H，Yamakoshi T，et al．Head Positioning Servo and Data Channel for HDDs with Multiple Spindle Speeds［J］．IEEE Transactions on Magnetics，2000，36（5）：2213－2215．

[96] 汤显，孟小峰．FClock：一种面向 SSD 的自适应缓冲区管理算法［J］．计算机学报，2010，33（8）：1460－1471．

[97] Zhu Q B．Performance Aware Energy Efficient Storage Systems［J］．Dissertation for the degree of doctor of philosophy in computer science in the graduate college of the university of Illinois at Urbana-Champaign，2007：15－31．

[91] 董欢庆，李战怀，林伟. RAID-VCR：一种能够承受三个磁盘故障的RAID结构 [J]. 计算机学报，2006，29（5）：792−800.

[92] Wan J G, Wang J B, Yang Q, et al. S2-RAID: A New RAID Architecture for Fast Data Recovery [C]. 2010 IEEE 26th Symposium on Mass Storage Systems and Technologies(MSST)，2010: 283−291.

[93] [illegible]，[illegible]，王志刚. 一种智能网络磁盘（IND）存储系统结构 [J]. 计算机学报，2008，31（5）：858−867.

[94] Papathanasiou A E, Scott M L. Energy efficient prefetching and caching [C]. Proceedings of the USENIX Annual Technical Conference，2004: 24−37.

[95] Yada H, Ishioka H, Yamakoshi T, et al. Head Positioning Servo and Data Channel for HDDs with Multiple Spindle Speeds [J]. IEEE Transactions on Magnetics，2000，36（5）：2213−2215.

[96] [illegible]. LClock：一种面向 SSD 的二级缓冲区管理算法 [J]. 计算机学报，2010，33（8）：1460−1471.

[97] Zhu Q B. Performance Aware Energy Efficient Storage Systems [D]. Dissertation for the degree of doctor of philosophy in computer science in the graduate college of the university of Illinois at Urbana-Champaign. 2007: 15−31.